乡村振兴农民培训教材：现代农业新技术系列科普动漫丛书

U0276398

龙稻屯的故事

刘 娣 主编

中国农业出版社

北 京

图书在版编目（CIP）数据

龙稻屯的故事 / 刘娣主编. —北京：中国农业出版社，2020.10

（现代农业新技术系列科普动漫丛书）

乡村振兴农民培训教材

ISBN 978-7-109-27391-7

Ⅰ.①龙…　Ⅱ.①刘…　Ⅲ.①水稻 – 高产栽培 – 教材　Ⅳ.①S511

中国版本图书馆CIP数据核字（2020）第187183号

中国农业出版社出版

地址：北京市朝阳区麦子店街18号楼

邮编：100125

责任编辑：闫保荣

责任校对：吴丽婷

印刷：中农印务有限公司

版次：2020年10月第1版

印次：2020年10月北京第1次印刷

发行：新华书店北京发行所

开本：787mm×1092mm　1/24

印张：3

总字数：700千字

总定价：150.00元

丛书编委会

前　言

　　黑龙江省农业科学院秉承"论文写在大地上，成果留在农民家"的创新理念，转变科研发展方式，成功开创了融科技创新、成果转化和服务"三农"为一体的科技引领现代农业发展之路。

　　为了进一步提高农业科技成果普及率，针对目前农民生产与科技文化需求，创新科普形式，将科技与文化相融合，编创了以东北民俗文化为背景的《现代农业新技术系列科普动漫丛书》，主要内容包括玉米、大豆、水稻、马铃薯等主要粮食作物栽培新技术；苜蓿、西瓜、木耳等饲料及经济作物种植新技术；生猪、奶牛、肉牛等家畜饲养新技术。该系列图书采用图文并茂的形式，运用写实、夸张、卡通、拟人的手段，融合小品、二人转、快板书、顺口溜的语言，图解最新农业技术。力求做到农民喜欢看、看得懂、学得会、用得上。实现了科普作品的人性化、图片化、口袋化。

　　《现代农业新技术系列科普动漫丛书》对帮助农民掌握现代农业产业技术发挥了重要的作用，为适应党的十九大提出的乡村振兴战略要求，我们对该丛书进行整合修订，以满足乡村振兴背景下农民培训工作的新要求。

编　者
2020年8月

龙稻屯位于东北黑土地上的松嫩平原，以种植水稻为主。这里土壤肥沃，环境优美，出产的优质大米闻名全国。在这片黑土地上，黑龙江省农业科学院专家围绕"乡村振兴战略"指导生产、组织培训，开展了一系列形式多样的"科技兴农"活动。

主要人物

省农科院专家
小农科

赵老倔

赵小虎

大壮媳妇

合作社社长
大壮

水稻专家
钟国强

科技副县长
柳华

　　水稻高产攻关项目组建园区、搞培训，种植加工一条龙，忙得热火朝天。可是在推广科技种稻的过程中，也有曲折。

水育秧改旱育秧，插秧密植改稀植；
培育壮苗促分蘖，重点培育壮根系；
增加抗性提素质，早发快发无缓苗；
省肥省水又省工，高产早熟夺丰收。

旱育稀植

　　村委会的培训教室里，水稻专家钟国强在台上讲解什么是旱育稀植。他告诉大家，旱育稀植是目前北方地区重点推广的水稻栽培技术，旱育是为了培育壮秧，稀植是靠分蘖增产。钟国强专家将技术编成了顺口溜，便于大家记忆。

　　小农科就"统一催芽好处多"的主题为大家讲解。可学员们都打不起精神来，小农科想是时候改变培训方法了。

　　转眼到了农历新年，鞭炮炸响，锣鼓喧天。小农科在村民的帮助下准备了一场别开生面的春节联欢晚会。第一个节目，大壮和大壮媳妇为大家表演了一段传统经典的二人转曲目——小拜年，欢快的乐曲、喜庆的唱词，一下子把大家的情绪调动了起来。

正月里来正月正，科技培训大练兵；
规范操作创高产，扣棚要早是经验；
精耕细作秋整地，扣垡要严不漏翻；
打好池埂不偷懒，晒水池要建在先。

接下来，大壮和大壮媳妇把水稻耕种前的田地管理要点编成顺口溜，用二人转的方式演唱了出来，赢得观众阵阵掌声。

返青浅水灌，分蘖浅湿干；
冷水不打粮，晒水又晒田。

　　小农科依照稻田水分的管理特点来了一段快板，赢得观众一片喝彩声。

　　合理的晒水、晒田可以协调水稻生长与发育、个体与群体、地上部与地下部、水稻与环境等各项矛盾，实现水稻的高产优质。

乳熟间歇灌，深水来防寒；
昼停夜灌溉，保温又增产。

　　从乳熟到黄熟期实行浅、湿、干交替间歇灌水，干干湿湿，直到黄熟停水。水层对稻田温度和湿度有一定调节作用，可以缓解气候条件剧烈变化对水稻的影响，夜间低温时可灌水保温。

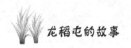

小虎为大家表演科普魔术"盐水选种"。

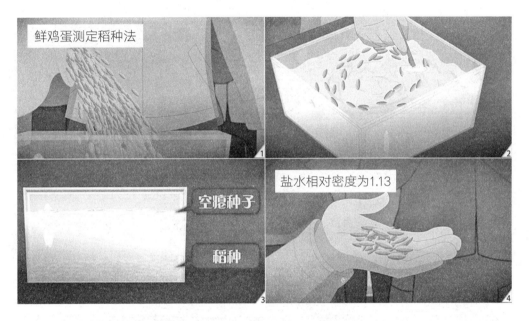

鲜鸡蛋测定稻种法

空瘪种子

稻种

盐水相对密度为1.13

把适量的种子倒入盐水中搅拌，去掉漂浮在表面上的空秕稻谷，捞出沉淀在下面的饱满稻谷，再用清水洗种子2～3遍，这就是我们需要的稻种。

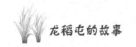

　　小农科把培训内容融入到春节联欢会的节目中，让农民们在欢乐中接受了培训，可谓事半功倍。

　　老倔在家摆弄着老犁杖，儿子小虎兴冲冲地跑来告诉他，今年种水稻有专家指导把关，有干头了。但老倔想起了去年水稻倒伏很后怕，产量减了三成多，觉得专家没有用处。他听说有人出售神种，决心一试。

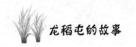

　　立春过后，天气晴好，积雪融化，气温回升，今年水稻种植的新序幕已经拉开了。大家开始选种、催芽、育秧，忙得不亦乐乎。

　　春节刚过，大壮找到小农科研究今年选种的问题，小农科说："选种可是大事，钟专家明天在村委会给大家讲解如何选种，你赶快去通知大家吧。"大壮高兴地说："太好了，我现在就去。"

黑龙江省农作物品种积温区划表

积温带	地　区
第一积温带 （2 700℃以上）	哈尔滨市平房区、道里区、香坊区、南岗区、松北区、太平区、阿城区、双城、宾县、大庆市红岗区、大同区、让湖路区南部、肇州、肇源、杜蒙、肇东、齐齐哈尔市富拉尔基区、昂昂溪区、泰来、东宁
第二积温带 （2 500~ 2 700℃）	巴彦、呼兰、五常、木兰、方正、绥化市、庆安东部、兰西、青岗、安达、大庆南部、齐齐哈尔市北部、林甸、富裕、甘南、龙江、牡丹江市、海林、宁安、鸡西市恒山区、城子河区、密山、八五七农场、兴凯湖农场、佳木斯市、汤原、依兰、香兰、桦川、桦南南部、七台河市西部、勃利
第三积温带 （2 300~ 2 500℃）	延寿、尚志、五常北部、通河、木兰北部、方正林业局、庆安北部、绥棱南部、明水、拜泉、依安讷河、甘南北部、富裕北部、齐齐哈尔市华安区、克山、林口、穆棱、绥芬河南部、鸡西市梨树区、麻山区、滴道区、虎林、七台河市、双鸭山市岭西区、岭东区、宝山区、桦南北部、桦川北部、富锦北部、同江南部、鹤岗南部、宝泉岭农管局、绥滨、建三江农管局、八五三农场
第四积温带 （2 100~ 2 300℃）	延寿西部、苇河林业局、亚布力林业局、牡丹江西部、牡丹江东部、绥芬河南部、虎林北部、鸡西北部、东方红、饶河、饶河农场、胜利农场、红旗岭农场、前进农场、青龙山农场、鹤岗北部、鹤北林业局、伊春市西林区、南岔区、带岭区、大丰区、美溪区、翠峦区、友好区南部、上甘岭区南部、铁力、同江东部、北安、嫩江、海伦、五大连池、绥棱北部、克东、九三农管局、黑河、逊克、嘉荫、呼玛东北部
第五积温带 （1 900~ 2 100℃）	绥芬河北部、穆棱南部、牡丹江西部、抚远、鹤岗北部、四方山林场、伊春市五营区、上甘岭区北部、新青区、红星区、乌伊岭区、东风区、黑河西部、嫩江东北部、北安北部、孙吴北部
第六积温带 （1 900℃以下）	兴凯湖、大兴安岭地区、沾北林场、大岭林场、西林吉林业局、十二站林场、新林林业局、东方红、呼中林业局、阿木尔林业局、漠河、图强林业局、呼玛西部、孙吴南部

　　黑龙江分为六个积温带，不能越区种植，不能根据上一年的气候温度高低来选种。钟专家为大家讲解了选种的基本要求：生产应用的品种应保持相对的稳定，更换新品种一定要谨慎，在稳产的基础上求高产，实现安全生产、增产增收的目的。

积温带	活动积温	区域
第一积温带	2700℃以上	齐齐哈尔市，富拉尔基区，昂昂溪区，景星镇，泰来县，杜尔伯特县，哈尔滨市，宾县，阿城区，双城市，呼兰区；大庆红岗区，大同区，肇源县，肇东市，肇州县；大庆东宁县，三岔口镇
第二积温带	2500-2700℃	龙江县，甘南县，双河农场，富裕县，富锦镇，龙安桥镇，林甸县，黎明乡；大庆市；牡丹江市，海林市，宁安市，兰西镇，五常市，木兰县，方正县，依兰县，绥化市，庆安县，望奎县，兰西县；佳木斯市，桦南县，勃利县，汤原县，依龙县，鸡西市，鸡东县，密山市，宝清县，291农场；绥棱县，友谊农场，红兴隆农场，宝清县，291农场
第三积温带	2300-2500℃	汤河镇，依东区，克山县，拜泉县，明水县，绥棱县，庆安县，柳河农场，双鸭山市，青冈西区，岭东区，宝山区，四方台区，853农场，852农场，经滨县，七台河市，勃利县，穆棱区，延寿县，同江市，建三江农管局，大兴农场；虎林市，庆丰农场，尚志市，通河县，鹤岗市，宝泉岭农管局，鸡西梨树区，大兴农场
第四积温带	2100-2300℃	萝北县，九三农管局，鹤山区，凤凰山农场，红五月农场，荣军农场，赵光农场；海伦农场，红光农场，北安市，克东县，海伦市，铁力市，五大连池市，亚布力农业局，嘉荫林业局，伊春友好区，草苔区，美溪区，西林区，大丰区，南岔区，乌敏河区，青山农场，前进农场，创业农场，红旗岭农场，胜利农场；黑河市，逊克县，嘉荫乡，常胜乡，855农场，东方红镇，云山农场；萝北县，饶河县

钟专家说，这是我们把黑龙江省各地的积温情况进行的划分。目前，黑龙江省通过技术改良和新品种培育，在以往五、六积温带只种玉米和大豆的地区已经开始大面积示范水稻种植，标志着全省的结构调整又有了一个新突破。

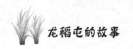

钟专家继续给大家讲解选种的四个原则：第一，根据当地积温条件进行品种的选择；第二，选择优质、高产、抗病、抗倒的品种；第三，必须选择审定的品种；第四，要到正规的单位选购种子。

种子不能直接在水泥地面上晒，温度较高时要多翻动种子，防止种子暴晒过度。

　　浸种车间前的水泥地面上铺着苫布，上面摊开一层水稻稻种，钟专家蹲在地上查看晒种情况。钟专家告诉大家种水稻要晒种，晒种可以杀菌、增强种子活力，提高发芽率。

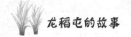

> 利用催芽车间集中浸种催芽，具有出芽率高、整齐一致的优点，为水稻高产打下一个良好的基础。

　　催芽车间里正在进行竣工验收暨启用典礼仪式，科技副县长柳华为催芽车间剪彩并发言，预祝村民朋友们催芽取得圆满成功。

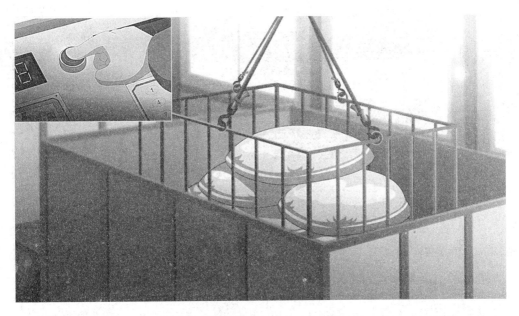

　　典礼后，大壮陪同水稻所所长等人走进催芽车间。水稻所所长亲手按下电钮，种子缓缓下降到浸泡池内，全场响起一片掌声。小农科告诉大家，浸种时加入药剂消毒灭菌，可以较好地预防恶苗病。

　　催芽车间里，小农科和小虎在认真地查表记数，并为大家讲述催芽的关键要领。

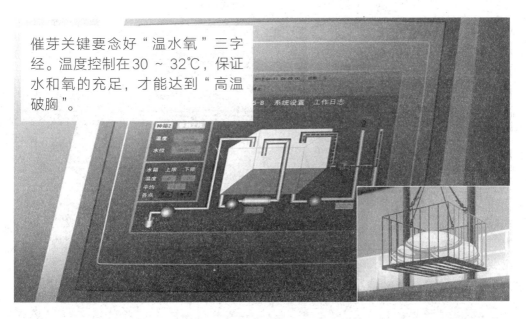

催芽关键要念好"温水氧"三字经。温度控制在30～32℃，保证水和氧的充足，才能达到"高温破胸"。

大壮操作机器，把种袋吊出。小农科查看各种数据，高兴地宣布："水稻催芽圆满成功！示范田增产第一关，欧啦。"

打春阳气转，雨水沿河边；
惊蛰乌鸦叫，春分地皮干；
清明忙浸种，小满插秧田。

　　示范田里，大壮带领大伙正在扣育秧棚，一曲欢快的二人转从远方传来。

"围裙式"棚膜分两节，通风位置高，冷风吹不到秧苗，有利于壮秧。通风口要达到30厘米以上为宜。

　　小农科带着一些学员围着秧棚讲解建棚知识。扣棚从原来用的一整块棚膜改用"围裙式"棚膜，解决了"全幅式"棚膜通风效果不好的问题。

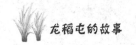 龙稻屯的故事

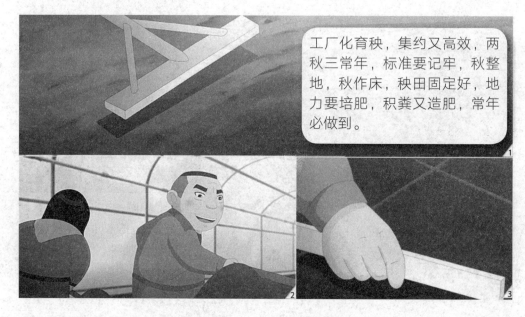

工厂化育秧，集约又高效，两秋三常年，标准要记牢，秋整地，秋作床，秧田固定好，地力要培肥，积粪又造肥，常年必做到。

　　示范田育秧棚里，钟专家指导大家规划苗床。浇透水，配营养土，施用农肥、壮秧剂，摆盘，装营养土，秧盘刮平。

营养土: 草炭土 + "三金" 水稻壮秧剂 (0.2千克 / 平方米)。

营养土

壮秧营养剂

床土

要看秧苗壮不壮, 营养土是关键。人粪尿偏碱性, 会烧苗根, 不能代替猪粪。

　　钟专家提醒, 要看秧苗壮不壮, 营养土是关键。准备营养土要提前一年堆置床土 (旱田土) 和有机肥。人粪尿偏碱性, 会烧苗根, 不能代替猪粪。

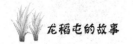

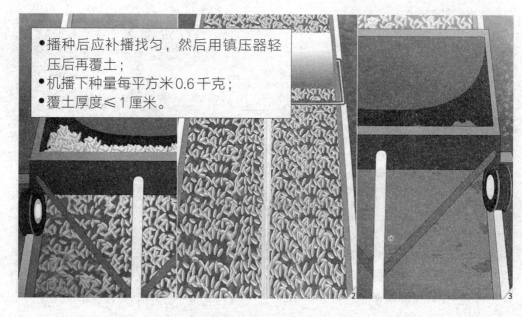

- 播种后应补播找匀，然后用镇压器轻压后再覆土；
- 机播下种量每平方米0.6千克；
- 覆土厚度≤1厘米。

　　过了几天，示范田开始播种了。大壮用播种器播种，钟专家和小农科细细查看并进行补播。

- 覆土后要将地膜覆盖在苗床地上。
- 温度计的底部红球应离苗床10厘米左右刚好。

10厘米

　　覆土后，大家展开地膜，覆盖在苗床地上。小农科查看秧棚内的温度计，提醒大家温度计不能搁在秧棚的风口、门口。

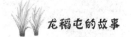

　　这时，小虎问："什么时候浇水啊？"大壮回忆起钟专家讲课时说的话，大家听后都认识到了水对秧苗的重要性。示范田秧棚里，大家一起撤去地膜，苗势很壮。

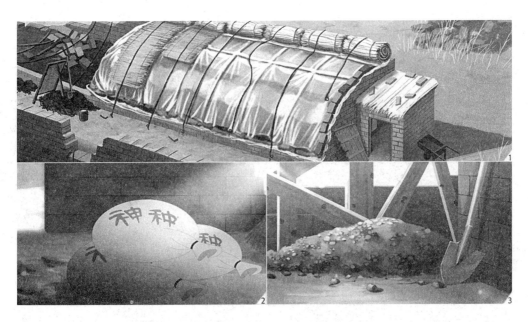

　　为了育出壮秧，老倔精心选了一块背风向阳处建秧棚。从半仙手里高价买来所谓"神种"，光腐熟的猪粪肥就掺了一大堆。

　　老倔播种完毕后开始撒土，转身问小虎："知道撒土要多厚吗？"小虎犹豫了一下："哦？不超过1厘米？"老倔随即掏出一粒黄豆，举到小虎眼前，然后把黄豆扔在苗床上，得意地说："把黄豆粒盖住不就完事了。"小虎楞楞地说："老把式，原来真不是白给的。"

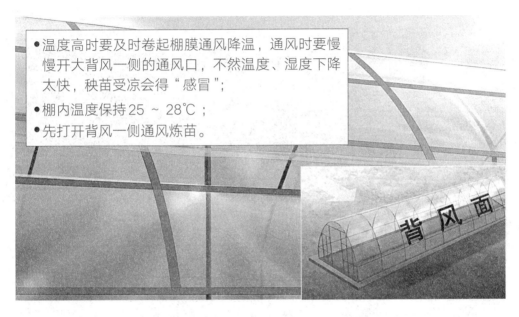

- 温度高时要及时卷起棚膜通风降温，通风时要慢慢开大背风一侧的通风口，不然温度、湿度下降太快，秧苗受凉会得"感冒"；
- 棚内温度保持25 ~ 28℃；
- 先打开背风一侧通风炼苗。

　　小农科提醒大家，出苗后要注意棚内温度调控。不能同时打开两侧通风口，高温要命、低温得病，要先打开背风一侧通风炼苗。

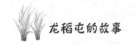

　　忽然传来一阵汽车声，柳副县长来到示范田大棚。钟专家特意让她转告，今天大风降温，下午闭棚保温只能早不能晚。傍晚，大风袭来，云层翻卷。钟专家不顾自己的病情和大家一起检查并加固每一处防风绳。赵老倔看到这一场景，心中很是佩服钟专家。

　　老倔来到自己的秧棚，摇头叹气道："神种怎么不显灵了呢？"他扔掉稻苗，生气地起身离开了。老倔来到示范棚看到壮实的秧苗后激动不已。

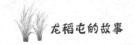

选种一定要选用国家审定推广的品种

夜里，大壮来找小虎。这时，老倔手里的收音机正在播报新闻，"长期在本县兜售所谓神种的犯罪团伙已被依法拘留"。老倔听罢便气晕了……

　　老倔病后，就把自家的秧田交给了小虎处理。小虎提着工具来到育秧棚内，检查秧苗并想出了对策。

　　按照小虎的理解，防治立枯病要有"三板斧"。第一板斧：床土调酸。第二板斧：药剂喷雾。第三板斧：通风炼苗。太阳升高，小虎钻出秧棚，揭开棚膜，开始通风，得意地自言自语："水稻苗期立枯病，防治一天全搞定！"

　　老倔正在家中睡觉，忽然窗外一阵声响，老倔惊醒，原来是邻居在喊他。邻居告诉他，你家的秧苗不行了，催他赶快去看看。

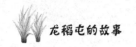

老倔赶到秧棚，只见秧苗半死不活。小虎说：“预防立枯病有三招，我一口气全用上了。”钟专家说：“学习不能生搬硬套，这三招不能一天全用上。”

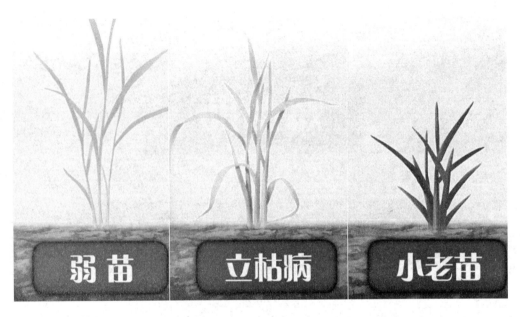

弱苗　　　　立枯病　　　　小老苗

　　钟专家补充道，苗床管理要避免三苗：高温育成的弱苗，立枯病导致的死苗，低温缺水出现的"小老苗"。

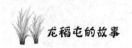

清水洗苗，防止烧苗

炼苗期

插秧前施 "送嫁肥"

　　不管是炼苗期追肥，还是插秧前施"送嫁肥"，一定记得要喷清水洗苗，防止烧苗。

合作社统一催芽、统一育秧本来就是为大家着想。

　　钟专家安慰老倔："这苗弱还得了立枯病。不过不要紧，示范田还有富余的壮秧呢，够你田里用的！"老倔感激得不知该说什么。

- 水稻倒伏原因有不少，除了品种不对路，还有灌水过深和排水不畅，插秧过密，过多施肥，耕层过浅等，总之，预防倒伏主要还是应该重视人为因素；
- 提高科学栽培管理水平，做到"秋季倒伏春季防"；
- 很多水稻倒伏都是后期氮肥用量过大造成的。

　　几天后，钟专家来陪老倔喝两盅。老倔终于有机会袒露他的心声："水稻倒伏一直是我的一块心病，你说怎么办啊？"钟专家耐心地解释了倒伏的原因。

水稻种植今后的趋势是标准化、规模化和优质化，参加合作社才是正路。赵老倔终于觉悟，决心加入合作社。

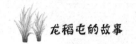

灌排水渠先行动，
旋耕翻耕交替行。
加固池埂防跑水，
旱整地后水找平。

天气回暖，大田里村民正在加固池埂、翻耕田地。

　　旋耕省时省力，但连续多年不深翻，水稻产量就会下降，所以连续旋耕2～3年后必须深翻一次。旱整地后一定要修好池埂，再放水泡田，以免跑水浪费。

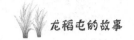

　　水稻攻关组全体成员整装列队，大壮精神气十足地说："今天是个高兴的日子，一是感谢农科院专家的精心指导，咱合作社育秧成功。二是咱又增添了新社员，让我们欢迎老把式入社。"钟专家高兴地说："等全县都推广集中浸种、统一催芽了，水稻产量至少能增加两成！"

机插秧密度：30厘米 × （13.2 ～ 20）厘米

冷尾暖头日，抓紧把秧插；
插秧不过寸，花达水最佳；
浅插促分蘖，返青早直插；
薄田要靠插，肥田重在发；
稀植要合理，品质产量佳。

村民开始往插秧机里装上秧苗，下田，一排排笔直的水稻苗呈现在大田里。一曲动听的二人转从远方传来。

　　老倔跟在插秧机后面仔细察看，弯下腰用眼睛瞄了又瞄，再用手比划一番，露出不可思议的表情，对着钟专家伸出大拇指。

插秧机插秧后，要检查并补苗，还要注意将田内卫生清理干净。

　　小农科提醒道，插秧机插秧后，要下田检查、补苗。还要清理干净田内卫生，捞出漂苗，收拾农药瓶、化肥袋之类的东西，杜绝病菌滋生。

水稻要增产呀，测土配方妙；
保证氮磷钾呀，分施很重要；
有机无机配呀，优质产量高；
施足基底肥呀，分蘖肥要早；
前轰中稳后期补，施肥窍门要记牢。

分蘖肥

几日后，老倔在田里撒分蘖肥。这时，远处传来一阵清脆的快板。老倔听着听着，跟着哼唱起来。

寒地水稻病虫害的综合防治

　　农科院的大楼里，钟专家正在科技培训会上给学员讲解"寒地水稻病虫害的综合防治"。这时，工作人员上台和钟专家耳语几句，钟专家表情严肃地说："抱歉，松林县有块示范田发现了一些不明虫卵，需要立刻诊断，我们现在用远程视频会诊一下。"

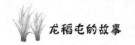

插秧后的返青分蘖期是潜叶蝇危害多发期。

潜叶蝇虫卵

潜叶蝇成虫

　　大屏幕上出现了虫卵的影像，小农科问："钟专家，这些是不是潜叶蝇的虫卵？请您确认。"钟专家赞许道："完全正确。插秧后的返青分蘖期是潜叶蝇危害多发期。请你按照本田前期管理的病虫害防治预案，立刻执行。"

●插秧后的返青分蘖期要注意控水，保持浅水层，并及时喷洒农药；
●大面积农田采用机动喷雾器。

　　断开视频后，小农科对大家说："这段时间要控水，保持浅水层。"随后带领大家喷洒农药。

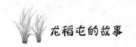

稻瘟病是北方水稻的主要病害，预防稻瘟病，喷两遍药剂效果好。

防治稻瘟病的这个时期也是防治二化螟的最佳时期。

　　7月后，水稻开始抽穗。小农科带领大家喷药，预防稻瘟病。稻瘟病是北方水稻的主要病害，常常导致减产，甚至绝收，一旦发病再治就来不及了，所以喷两遍药剂预防效果好。

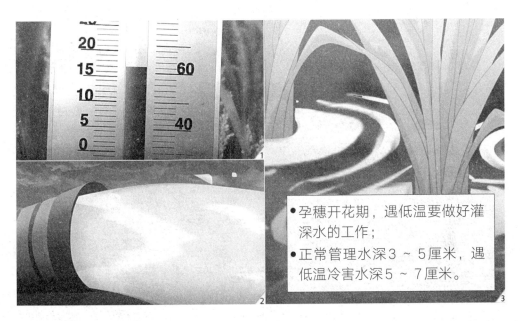

- 孕穗开花期，遇低温要做好灌深水的工作；
- 正常管理水深3～5厘米，遇低温冷害水深5～7厘米。

　　小农科得知有个寒流就要来了，赶紧检修水泵，并嘱咐大家："孕穗开花期，水稻最怕低温冷害，要做好灌深水的准备工作。"第二天，云层翻滚，风声大作，气温已经逼近17℃。大壮果断地启动电闸，抽水往稻田灌深水。

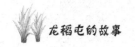

长势旺盛的水稻可不用撒粒肥，以免水稻贪青晚熟，还可能诱发稻瘟病和招致倒伏。

　　小虎边撒肥边念叨："巧施粒肥、加速灌浆、减少空秕粒。专家教的水稻真经，边干边念，特别容易记。"大壮媳妇提醒道："长势旺盛的水稻可不用撒粒肥，以免水稻贪青晚熟，还可能诱发稻瘟病和招致倒伏。"

　　太阳高升，水稻随风拂动。丰收的稻田一望无际。小农科仔细查看稻子成熟情况，对大壮说："看现在的长势大概半个月就可以收获了。"大壮说："那我得赶快把机械检修一遍，别到时耽误事。"

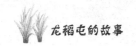

　　钟专家仔细查看稻穗成熟情况，对大家说："明天天气晴好，咱们准备收获吧！"

　　水稻所所长和专家走进稻田估产，纷纷伸出大拇指。广阔的田野，收割机忙碌着。

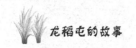

　　农科院和县里领导都来了，大家和种植户们一起站在田埂上，望着科研成果，充满信心。满载粮袋的卡车驶在乡间公路上……

乡村振兴农民培训教材：现代农业新技术系列科普动漫丛书

奶牛场大变身

刘　娣　主编

中国农业出版社

北　京

图书在版编目（CIP）数据

奶牛场大变身 / 刘娣主编. —北京：中国农业出
版社，2020.10
（现代农业新技术系列科普动漫丛书）
乡村振兴农民培训教材
ISBN 978-7-109-27391-7

Ⅰ.①奶…　Ⅱ.①刘…　Ⅲ.①乳牛场 – 生产管理 – 教
材　Ⅳ.①S823.9

中国版本图书馆CIP数据核字（2020）第187190号

中国农业出版社出版
地址：北京市朝阳区麦子店街18号楼
邮编：100125
责任编辑：闫保荣
责任校对：赵　硕
印刷：中农印务有限公司
版次：2020年10月第1版
印次：2020年10月北京第1次印刷
发行：新华书店北京发行所
开本：787mm×1092mm　1/24
印张：$3\frac{1}{3}$
总字数：700千字
总定价：150.00元

丛书编委会

前　言

　　黑龙江省农业科学院秉承"论文写在大地上，成果留在农民家"的创新理念，转变科研发展方式，成功开创了融科技创新、成果转化和服务"三农"为一体的科技引领现代农业发展之路。

　　为了进一步提高农业科技成果普及率，针对目前农民生产与科技文化需求，创新科普形式，将科技与文化相融合，编创了以东北民俗文化为背景的《现代农业新技术系列科普动漫丛书》，主要内容包括玉米、大豆、水稻、马铃薯等主要粮食作物栽培新技术；苜蓿、西瓜、木耳等饲料及经济作物种植新技术；生猪、奶牛、肉牛等家畜饲养新技术。该系列图书采用图文并茂的形式，运用写实、夸张、卡通、拟人的手段，融合小品、二人转、快板书、顺口溜的语言，图解最新农业技术。力求做到农民喜欢看、看得懂、学得会、用得上。实现了科普作品的人性化、图片化、口袋化。

　　《现代农业新技术系列科普动漫丛书》对帮助农民掌握现代农业产业技术发挥了重要的作用，为适应党的十九大提出的乡村振兴战略要求，我们对该丛书进行整合修订，以满足乡村振兴背景下农民培训工作的新要求。

编　者

2020年8月

辉哥是十里八村出了名的养牛老把式，和儿子小远共同经营了一家有几十头牛的家庭牧场。凭借多年的养牛经验，牧场倒也搞得有声有色。可随着牧场规模的不断扩大，出现了许多新问题，原本的老经验也不那么灵了……

主要人物

家庭牧场主
辉哥

省农科院专家
小农科

辉哥儿子
小远

张老师

大花

二花

　　初秋时节，空气中弥漫着作物成熟的甜香。小农科和辉哥一前一后走在田间的小路上，眼瞅着自家几百亩[*]饲用玉米就能收了。想到牧场的牛很快又能吃上新口粮，辉哥心里就美滋滋的。

_____

　　* 亩为非法定计量单位，1亩 ≈ 667米^2。

　　在专家的帮助下，近年来，辉哥牧场的规模不断扩大。为了让牧场管理水平跟上发展速度，小农科还把辉哥的儿子小远推荐到一家大型牧场学习动物防疫技术。

家里奶牛可爱吃玉米青贮了，就是买着吃太贵啊！

　　小农科随手掰开一个穗子说道："你种的饲用玉米和打粮食的玉米就是不一样，穗子没那么大，可是整株的综合营养高。"

　　小农科告诉辉哥："饲用玉米一般在乳熟末期、蜡熟前期收获。"辉哥听了却有些将信将疑。

　　小农科耐心地给辉哥解释道："饲用玉米不能像家里打粮食的大玉米，等蜡熟后期再收。一是玉米穗全长硬实了，籽粒在瘤胃里不好消化；二是秆和叶子都枯黄了，既不好吃又没营养。"

　　大花和二花是辉哥牧场里一对著名的"姊妹花"，素来感情好。一听说二花病了，大花连忙过来探望。得知二花生病是因为吃多了精饲料，大花劝她不能嘴馋，可二花却听不进去。

　　一想到以前家里穷，常年吃玉米秸子，干巴巴没营养，年轻轻就人老珠黄的。现在咋这么快又得了"富贵病"了，大花就忍不住委屈地哭了。

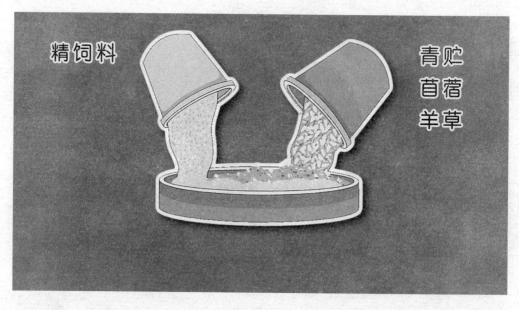

精饲料要搭配着青贮、苜蓿、羊草等粗饲料。尤其是产奶高峰期，粗饲料得吃优质的，这样才能吃得健康、产奶多。

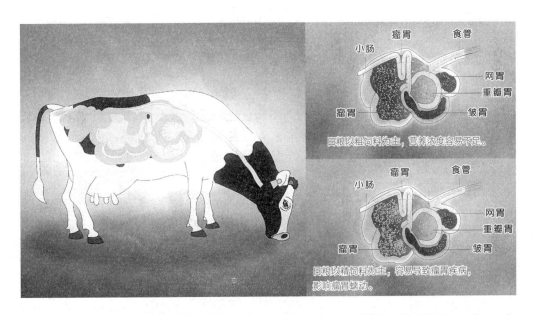

瘤胃　食管
小肠
网胃
重瓣胃
瘤胃　皱胃

日粮以粗饲料为主，营养浓度容易不足。

瘤胃　食管
小肠
网胃
重瓣胃
瘤胃　皱胃

日粮以精饲料为主，容易导致瘤胃疾病，影响瘤胃蠕动。

　　牛是反刍动物，4个胃。牛的瘤胃没有粗饲料就运转不动，吃进去的精料不能被正常吸收；反过来，粗料吃多了，精料不够又动力不足。想健康，最关键的是要饮食平衡。

9

　　嘴馋的二花躺在病床上又惦记起辉哥家新盖的青贮窖，一想到今后常年都有酸酸爽爽的青贮吃，马上来了精神。大花见妹妹一副馋样，忍不住再次叮嘱她吃精料要节制，营养搭配才健康。

　　这天一大早儿，外出学习的小远风尘仆仆地赶回来，打算帮助父亲做青贮。

以后再说，咱先去地里看看吧！

这本讲日粮配方的书，正适合咱们牧场。

　　小远告诉辉哥，自己在牧场跟着师傅做过玉米青贮。玉米青贮既清香又新鲜，质量还特别好。辉哥听了很高兴。小远又从包里掏出几本养奶牛的书，想让父亲也学习学习，可话说一半，就被心急的辉哥拉到地里去了。

清晨，远处村里隐隐听到了收割机、卡车的轰隆声。原来是小远正开着收割机收玉米，小农科从载满玉米碎屑的卡车上抓了一把碎屑，检查含水量。

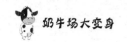

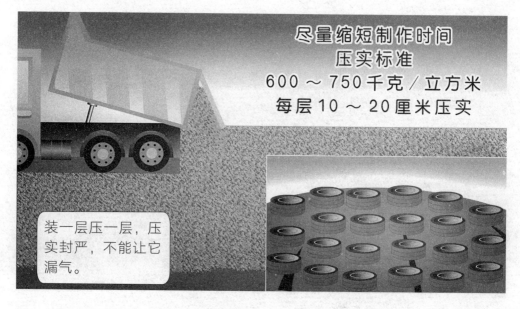

尽量缩短制作时间
压实标准
600 ～ 750千克／立方米
每层10 ～ 20厘米压实

装一层压一层，压实封严，不能让它漏气。

　　往青贮窖里装料、压实后，封窖顶，待一个月后开窖完成青贮。

　　奶牛运动场里，一群奶牛正在抢着吃刚放进饲槽里的青贮。瞧，吃得最欢实的那两头小母牛不正是辉哥家的"姊妹花"吗。

你多吃点，营养平衡了，你这身体就好了。

　　大花、二花边吃边赞叹自家的青贮比在外面买的好吃，有专家指导就是水平高。姐妹俩一边吃着香喷喷的青贮，一边说起了悄悄话。

　　"前两天吧，我瞅见小远撺掇他爸，改什么'全混合日粮'"二花故作神秘地说。原来，最近牧场上下都在传小远要给大伙改伙食，大家心里都犯着嘀咕。

　　这换饲料配方是大事，小远父子丝毫不敢马虎。这天上午，辉哥送奶回来，急忙翻出小远给他的专业书，心急地说："乳品公司的人也让我改成TMR全混合日粮，说乳品质量更稳定。"

　　眼见辉哥有些着急，小远却笑呵呵，慢条斯理地说："这厨师炒菜呢，只管吃饱；营养师则是研究需要哪些营养、怎么搭配对身体有利。"

　　"说牛呢,没让你炒菜。"辉哥更急了,催促小远尽快说正题。小远连忙解释:"我说的是牛的一日三餐啊!你不了解牛的营养需求,不知道它一天需要补充多少蛋白质、多少能量,那料给得能合适吗!"

　　小远告诉辉哥，管理好的牧场都用全混合日粮喂牛。一样阶段的牛，产奶量比咱家多两三成，而且产后恢复好，一胎接一胎没啥空档儿。

精料

辉哥听了频频点头，小远又继续说："像咱家现在这样精、粗料分开喂有个大缺点。一群牛里，总有那能抢的、嘴馋的，专挑精料吃，容易酸中毒；那胆小的牛抢不过，只能吃挑拣剩下的，就造成常年吃不饱，从而营养失衡。"

　　辉哥和小远一番讨论之后，还是决定找小农科帮忙，添个配套的TMR设备。按照配方把精、粗料混在一起喂牛，让奶牛没法儿挑食，营养就均衡了。

　　辉哥当即给小农科打电话，小农科告诉辉哥："现在规模化养奶牛都用TMR，和咱们盖房子要通水电一样，是牧场最基本的要求。"小农科爽快地答应尽快帮辉哥设计TMR配方，保证让所有奶牛吃饱、吃好。

这些精、粗料我前几天都检测分析过了，质量都挺好。

　　说干就干，小农科按照营养成分和各阶段奶牛的需求，针对牧场实际情况设计了四款配方，并帮助辉哥父子安装上了TMR设备。

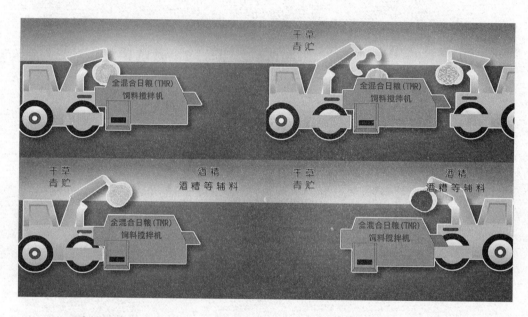

　　"混料的先后顺序千万不能乱了，要按照先粗后精、先干后湿、先轻后重的原则投放。"小农科告诉辉哥。

　　规模越大的牛场，奶牛分群越细、配方越多，吃进去的口粮都不浪费，是最理想的。辉哥拿着小农科给的配方，信心满满地准备开工。

　　小农科叮嘱辉哥，当前的四个配方是针对现在牧场的规模和管理水平分的。刚改的这些日子，要随时观察奶牛的反刍和粪便，有问题一定要随时联系。

　　辉哥又向小农科请教起产前、产后加减料的问题。小农科告诉他："泌乳初期的牛还在月子里，产奶量不大，主要任务是恢复体力，不用喂太多料。"

产奶盛期产奶量逐步升高，应逐步加大精料喂量来控制产奶量，同时做到"料领奶走"。

泌乳后期
奶领料走

　　泌乳后期的牛，产奶量逐步下降，要"奶领料走"，根据产奶量来调整饲料喂量。

哎呀，那几个瘦得啊，屁股蛋子上光剩骨头没有肉。

邻村老徐家那几个要下犊儿的牛妹子，你知道不？

　　再看看辉哥家的"姊妹花"，自打换了新口粮，那是吃嘛嘛香，身体倍儿棒，一下子年轻了好几岁。姐俩凑一起还兴致勃勃地调侃起隔壁村营养不良的牛妹子来。

　　开够了玩笑，辉哥家的这对活宝还不忘自我陶醉一番。小姐俩正唠到兴头上，没成想危险已经悄然而至……

　　"口蹄疫""结核""布鲁氏菌病"三个小怪物从黑暗中现身，张牙舞爪地向她们扑了过来⋯⋯

　　好在牧场平日里防疫措施到位，春、秋两次体检，打疫苗从来不少，姊妹俩根本不把这些病毒放在眼里。病毒们见无机可乘，只好灰溜溜地逃走了。

听说咱这请来一位繁育专家张老师，专治不生崽儿的牛。

哎，俺家大妮儿上次生完一直也怀不上崽儿，我都急死了。

　　打败了疫病，二花得意地哈哈大笑，可大花却心事重重。原来是大花家闺女大妮儿生完后一直怀不上崽儿，大花心里着急。"听说牧场最近要来一位繁育专家，一定有办法治好大妮儿。"二花安慰道。

　　张老师真的来了，并且一进院子就要看牛的档案。辉哥转头尴尬地看看小远，父子俩好容易找出一叠残缺不全的纸片，张老师看了直摇头。

到了时间就要配种，光靠人工去挨个观察发情状况，你看得过来吗？再没有规范的记录，咋干啊！

　　"牛是陆陆续续从好几个屯子合到一起的，资料整不全了。"辉哥尴尬地直挠头。张老师严肃地告诉他们繁殖记录的重要性。

　　张老师表示："牛多、档案不全，只靠人脑管理是不行的。"他建议辉哥父子装一套管理软件，档案建立起来，基本秩序有了，饲养管理水平才能提高，产奶量才能稳步增长。父子俩连连点头。

　　张老师和小远在前面走，辉哥低着头跟在后面，想着自己的老办法过时了，用不上大场面，心里有些不是滋味。

健康奶牛在产后
40～60天即可发情配种

　　张老师换上淡蓝色的工作服，和辉哥父子一起进入生产区。张老师说："一般从散养户干大的牧场都知道'抓奶要抓配'，配不上种抓紧治疗，但大都没有注意牛的胎间距。"

张老师指出："空怀期过长是个严重问题，要想解决必须在管理上下工夫。"

牵过去，我检查一下。

　　小远指着不远处的几头牛对张老师说："您看这几头牛下完犊儿都三个多月了，一直没发情。"巧了，大妮儿就在这几头牛里面，这回有张老师帮忙，大花可以放心啦。

　　其实，奶牛也像女人，生完孩子也要坐月子，要有一段时间来重建正常的繁殖功能。

你对她好，等她功能恢复以后，及时配种受孕成功，以最快的速度启动下一个产奶循环，这头牛产奶效率就高。

　　如果粗心，该配种没配，或者奶牛身体健康有问题不发情，又没有及时治疗，前后两胎产犊、产奶的空档期就长，你就赚不到钱。

　　产后定期检查要做到位，这样才能降低产后淘汰率，促进发情。

为了再次孕育新的生命，小母牛们正被逐一安排做详细产检。

有了科学产检做保证，牛妈妈们都顺利产下了宝宝。辉哥家的牧场越做越大了。

　　与此同时，小远把牧场管理软件也装好了。把资料输入电脑后，就可以随时查看任意奶牛的情况了，十分方便。

经张老师治疗过的那几头牛都好了，也发情了，快打电话让配种员过来吧。

　　辉哥高兴地告诉儿子，经张老师治疗过的那几头牛都发情了，催促小远快打电话找配种员。

　　小远叫辉哥别着急，让他先看看张老师说的奶牛系谱档案，现在都登记进入电脑，以后不会乱了。

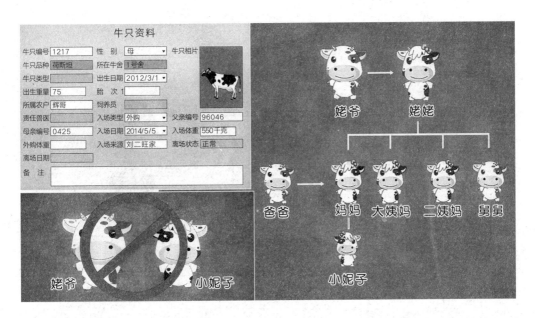

牛只资料

牛只编号	1217	性 别	母	牛只相片
牛只品种	荷斯坦	所在牛舍	1号舍	
牛只类型		出生日期	2012/3/1	
出生重量	75	胎 次	1	
所属农户	辉哥	饲养员		
责任兽医		入场类型	外购	父亲编号 96046
母亲编号	0425	入场日期	2014/5/5	入场体重 550千克
外购体重		入场来源	刘二旺家	离场状态 正常
离场日期				
备 注				

姥爷　姥姥

爸爸　妈妈　大姨妈　二姨妈　舅舅

小妮子

姥爷　小妮子

　　奶牛系谱就是奶牛的族谱，如果没有系谱，配到第三胎的时候，孙女和爷爷或者姥爷可能碰到一块儿，近亲繁殖会出现很多问题。

　　要给每头母牛都建立系谱档案，配种的公牛精液也进行登记。女儿再进行配种时，另选好的公牛，就能避免近亲繁殖。

　　大花、二花正对着镜子梳妆打扮，往脑袋上戴花，喜气洋洋地准备跟外来的棒小伙配种。

　　一想到将来科学配种生出来的牛娃聪明漂亮、身体强壮，姐妹俩就高兴得合不拢嘴。

　　为了给母牛们招来优秀的"新姑爷"，小远正游说辉哥购买价格相对较高的优质种公牛精液。

　　辉哥心里也觉得优质种公牛精液好，可还是心疼钱，犹豫着拿不定主意。

"你算算，光一年多产奶，你多赚多少钱？我这点服务费，还叫个事儿呀！"见辉哥还在犹豫，等着配种的帅公牛急得差点从电脑里跳出来。

"对，这不是省钱的事儿。和配种员说，咱换好的，干正事，不差钱儿。"辉哥终于下定了决心。

　　辉哥和小农科在生产区内巡视，送饲料的运输车穿行其间，各牛舍秩序井然，运动场上的牛儿们或站或卧悠闲倒嚼。

　　辉哥和小农科边走边聊，一再地感谢小农科和张老师不但帮他解决了配种问题，眼下牛群改良、牛场管理也上了道儿。

　　两人走到产房外面，正看到小远拿着奶瓶，给一头刚生下不久的小牛犊喂奶。小农科提醒他，别光顾着犊牛，刚产完犊的母牛爱得乳房炎，刚下奶那几天也危险。要多注意点，尽量少用抗生素。

　　小农科见粪便处理并没引起辉哥的重视，连忙提醒他："牛场大了，牛粪处理是个大事。"

随着牛场的扩大，还用原来老的粪便处理方法显然行不通了，村民们也难免有些议论。向来爱漂亮的大花感觉很没面子，忍不住伤心地哭了起来。

————————————

① 斤为非法定计量单位，1斤＝500克。

　　"都说咱这牛粪啊，村里到处是，下雨满地流，苍蝇到处飞，臭味儿可劲儿窜。"大花边哭边跟二花诉苦。

为了让辉哥尽早重视起牛粪处理问题，小农科拿出手机给他看标准化的粪污处理氧化塘。辉哥还以为是个公园，这才意识到自己的差距。

固体先要经过发酵灭菌
然后再晾晒干燥

还能做有机肥，种植有机蔬菜呢。

呵呵，变废为宝了。

　　给每个牛舍装上处理粪便的干湿分离机，将牛舍里的粪尿收集到沉淀池；然后抽上来，经过干湿分离机分离，液体集中排放到氧化塘。氧化发酵做液体肥料，或直接在液体上种植浮萍类植物，做青绿饲料。固体运到晾晒场晾干，可以给牛做垫床。

　　小农科表示，就辉哥牧场目前的状况，规范化是最好的发展方向。符合国家动物饲养、繁殖、粪污处理的要求，就能通过国家标准化验收，就可以享受国家和省里的扶持政策，牛场就能再上一个台阶。

　　就这样，在小农科的鼓励下，辉哥对奶牛场进行了彻底整修。过去臭气难闻的奶牛场实现了脱胎换骨，变成了一座环境优美的标准化家庭牧场。

　　牛场正式落成这天，辉哥特意请来了张老师和小农科为牛场剪彩。在一片欢声笑语中，辉哥牧场踏上了标准化、规模化的发展之路。

乡村振兴农民培训教材：现代农业新技术系列科普动漫丛书

俺村的玉米合作社

刘 娣 主编

中国农业出版社

北 京

图书在版编目（CIP）数据

俺村的玉米合作社 / 刘娣主编. —北京：中国农业出版社，2020.10
（现代农业新技术系列科普动漫丛书）
乡村振兴农民培训教材
ISBN 978-7-109-27391-7

Ⅰ.①俺… Ⅱ.①刘… Ⅲ.①玉米 – 栽培技术 – 教材
Ⅳ.①S513

中国版本图书馆CIP数据核字（2020）第187185号

中国农业出版社出版
地址：北京市朝阳区麦子店街18号楼
邮编：100125
责任编辑：闫保荣
责任校对：赵 硕
印刷：中农印务有限公司
版次：2020年10月第1版
印次：2020年10月北京第1次印刷
发行：新华书店北京发行所
开本：787mm×1092mm 1/24
印张：$3\frac{2}{3}$
总字数：700千字
总定价：150.00元

丛书编委会

总　顾　问　韩贵清

主　　　编　刘　娣

农业技术总监　刘　娣　闫文义

执　行　主　编　马冬君　陈喜昌

副　主　编　许　真　李禹尧

本册编创人员　张喜林　王　宁　孙　雷

樊兴冬　龙江雨　李定淀

前　言

　　黑龙江省农业科学院秉承"论文写在大地上，成果留在农民家"的创新理念，转变科研发展方式，成功开创了融科技创新、成果转化和服务"三农"为一体的科技引领现代农业发展之路。

　　为了进一步提高农业科技成果普及率，针对目前农民生产与科技文化需求，创新科普形式，将科技与文化相融合，编创了以东北民俗文化为背景的《现代农业新技术系列科普动漫丛书》，主要内容包括玉米、大豆、水稻、马铃薯等主要粮食作物栽培新技术；苜蓿、西瓜、木耳等饲料及经济作物种植新技术；生猪、奶牛、肉牛等家畜饲养新技术。该系列图书采用图文并茂的形式，运用写实、夸张、卡通、拟人的手段，融合小品、二人转、快板书、顺口溜的语言，图解最新农业技术。力求做到农民喜欢看、看得懂、学得会、用得上。实现了科普作品的人性化、图片化、口袋化。

　　《现代农业新技术系列科普动漫丛书》对帮助农民掌握现代农业产业技术发挥了重要的作用，为适应党的十九大提出的乡村振兴战略要求，我们对该丛书进行整合修订，以满足乡村振兴背景下农民培训工作的新要求。

编　者

2020年8月

　　掩映于白山黑水间的龙泉乡，山明水秀、人杰地灵，我们的故事就发生在这里。在省农科院专家的帮助下，年轻的玉米合作社社长大军带领社员们抱团生产、共同致富，上演了一出热热闹闹的科学种植大戏。

主要人物

玉米合作社社长
大军

省农科院专家
小农科

老吴

大军媳妇

大宝

　　9月的龙江大地，秋高气爽，一片片丰茂的玉米地生机盎然，整齐划一，新成立的龙泉乡玉米合作社社长大军骑着摩托车驮着媳妇急驶在田间道路上。

　　途经二宝家苞米地，大军媳妇儿突然大喊"停，停车"。大军刚停下，她就跳下车跑到苞米地头，随手拽住一个玉米穗看来看去，嘴里叨咕着："咋也长得瘦不拉叽，还秃尖呢！"

小四轮作业，马力小；
犁底层逐年上升，耕层浅；
保水能力差，根系扎不下去；
遇到今年伏夏连旱，玉米缺水脱肥。

刚刚咨询过相关专家的大军告诉媳妇儿，不规范的种植方式加上极端的气候条件是导致今年玉米普遍植株黄瘦、棒小的根本原因。

　　大军媳妇儿发愁道："那可咋办呢！"见平日里对自己带头成立合作社颇为不满的媳妇儿这会儿急得直挠头，大军心头一喜，连忙说："所以得寻思成立合作社，抱团干呀！"

　　这时，远处传来一阵摩托车声。二宝骑着摩托车过来，冲着大军夫妇俩打招呼："你两口子整啥景儿，我家地里有金子呀？"大军媳妇儿笑道："拉倒吧，苞米长这熊样，还金子呢，别逗了。"

  大军连忙给媳妇儿打圆场:"她在我家地头刚发完飙,看到你家的也不好,心里平衡了。"大军媳妇儿反驳道:"说啥呢!收成不好,谁心里能好受啊。"二宝也着急地附和:"大军,咱这苞米合作社刚成立,明年咋干,大伙儿等你这社长给拿主意呢!"

　　大军媳妇儿窃笑，撇着嘴说："你那两把刷子，咋当社长啊。"
二宝便说："嫂子，咋给自己老爷们儿拆台呢。大军见多识广又厚
道，大伙儿可服他了！"

"二宝，我寻思过了，咱还得上外头请个军师。"大军转身面向二宝，笑呵呵地说。二宝会心一笑："我刚才路过农科院示范田，看见吴大哥正拉着农科院的小农科问东问西呢！"

　　听了二宝的话，大军眼前一亮，兴奋道："嘿，据说那块田里的苞米长得贼好。赶紧，我也去找找专家，别让高人跑了！"

　　大军说着骑上摩托车掉头就走，嘱咐二宝："把我媳妇儿捎回去。"大军的背影远了，大军媳妇儿气得直跺脚："把我扔半路，回家跟你没完！"一群小鸟围着她叽叽喳喳欢快地翻飞。

　　大军骑着摩托车飞驰在去往示范区的路上，远远就看见老吴和小农科在玉米地头。他急忙走过去，嘴里说着："吴大哥，看苞米呢！"却径自上前和小农科握手说："你好啊，小农科！去年我在县里听过你的课。"小农科也爽朗地笑道："是大军吧，我记得你。"

龙种1号

　　大军指着旁边的苞米问道："这是你们农科院的品种吗？"小农科点头介绍道："这是'龙种1号'。这片示范区是我们农科院建的，里面有不少好品种呢，展示出来给大伙儿起个示范作用。""太好了，我正为明年的选种发愁呢！"大军高兴地说。

黑龙江省农作物品种积温区划表

积温带	地 区
第一积温带（2 700℃以上）	哈尔滨市平房区、道里区、香坊区、南岗区、松北区、太平区、阿城区、双城、宾县、大庆市红岗区、大同区、让湖路区南部、肇州、肇源、杜蒙、肇东、齐齐哈尔市富拉尔基区、昂昂溪区、泰来、东宁
第二积温带（2 500~2 700℃）	巴彦、呼兰、五常、木兰、方正、绥化市、庆安东部、兰西、青岗、安达、大庆南部、齐齐哈尔市北部、林甸、富裕、甘南、龙江、牡丹江市、海林、宁安、鸡西市恒山区、城子河区、密山、八五七农场、兴凯湖农场、佳木斯市、汤原、依兰、香兰、桦川、桦南南部、七台河市西部、勃利
第三积温带（2 300~2 500℃）	延寿、尚志、五常北部、通河、木兰北部、方正林业局、庆安北部、绥棱南部、明水、拜泉、依安讷河、甘南北部、富裕北部、齐齐哈尔市华安区、克山、林口、穆棱、绥芬河南部、鸡西市梨树区、麻山区、滴道区、虎林、七台河市、双鸭山市岭西区、岭东区、宝山区、桦南北部、桦川北部、富锦北部、同江南部、鹤岗南部、宝泉岭农管局、绥滨、建三江农管局、八五三农场
第四积温带（2 100~2 300℃）	延寿西部、苇河林业局、亚布力林业局、牡丹江西部、牡丹江东部、绥芬河南部、虎林北部、鸡西北部、东方红、饶河、饶河农场、胜利农场、红旗岭农场、前进农场、青龙山农场、鹤岗北部、鹤北林业局、伊春市西林区、南岔区、带岭区、大丰区、美溪区、翠峦区、友好区南部、上甘岭区南部、铁力、同江东部、北安、嫩江、海伦、五大连池、绥棱北部、克东、九三农管局、黑河、逊克、嘉荫、呼玛东北部
第五积温带（1 900~2 100℃）	绥芬河北部、穆棱南部、牡丹江西部、抚远、鹤岗北部、四方山林场、伊春市五营区、上甘岭区北部、新青区、红星区、乌伊岭区、东风区、黑河西部、嫩江东北部、北安北部、孙吴北部
第六积温带（1 900℃以下）	兴凯湖、大兴安岭地区、沾北林场、大岭林场、西林吉林业局、十二站林场、新林林业局、东方红、呼中林业局、阿木尔林业局、漠河、图强林业局、呼玛西部、孙吴南部

　　三人就这样站在地头开始了一场临时授课。小农科告诉大军：种子要种到适合的地方，才能多打粮食；气候适不适合、经常会发生什么自然灾害、有哪些病虫害都是选种要考虑的问题。

　　大军疑惑道："苞米品种太多了，我们农民咋选啊？"小农科看出了大军的心思，明确地告诉他："咱省的品种审定委员会，每年都会推荐一些品种。"

黑龙江省2013年玉米高产优质品种区域布局规划

作物	积温带	第一积温带		第二积温带	第三积温带	第四积温带	第五积温带	第六积温带
		上限	下限					
	主栽品种	郑单958	先玉335	绥玉10	绥玉7号	德美亚1号		
		丰禾10号	鑫鑫2号	吉单27	绿单2号			
	搭配品种	久龙14	兴垦3号	龙聚1号	龙育5号	德美亚2号		
		龙单42	吉单517	吉单519	东农251	克单14		
			东农252	龙单32	哲单37			
				龙单38	龙单59号			
					垦玉6号			

　　黑龙江省农作物品种积温区共有六个，每个积温区都有各自主推的玉米品种。那都是经过主要抗病性鉴定的，而且近几年在多个地方种植验证，产量都很好，被证明适应性好才推荐的。

⑮

种衣剂有好多种，包上对路的种衣剂就代替拌种了。

　　三人越谈越投机，老吴趁机又咨询起关于种衣剂的问题："包衣的种子都是陈种子吗？"针对老吴的问题，小农科纠正道："种子包衣和是否是陈种子没关系。"

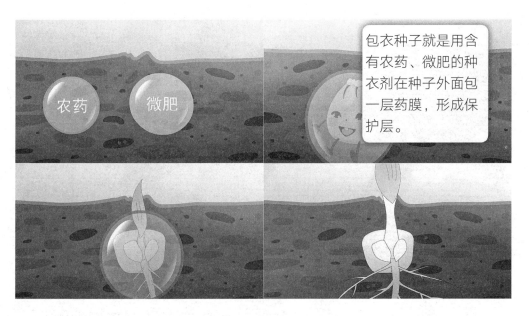

农药　微肥

包衣种子就是用含有农药、微肥的种衣剂在种子外面包一层药膜，形成保护层。

　　种衣剂在种子表面形成的保护层不会马上溶解，而是在发芽、生长中逐渐被根吸收，可以起到防治苗期病害、促进根的生长、抗旱蓄水、改善苗期营养的作用。

　　小农科还告诉老吴和大军，明年农科院重点扶持龙泉乡的玉米种植，他们会在秋冬季办讲座，开春后还会和农户一起下地头。为了方便他们和自己联系，还送给他们每人一张专家联系卡。

成立合作社规模经营，才能实现标准化作业。通过大机械联合作业，构建深厚的合理耕层，达到保肥、保水、抗旱、防涝的目的。

　　品种选好了，老师也找到了，大军对明年合作社运营充满信心，小农科也肯定了他们成立合作社的做法很正确。大军邀请老吴大哥参加合作社，但老吴却说要等等看。

秋整地通通气，
微生物生长不费力，
先灭茬来后深翻，
翻后耙耢平土地，
埋残茬，灭杂草，
施好底肥营养保，
秋翻秋耙秋起垄，
积蓄雨水墒情好。

　　秋收过后，在龙泉玉米合作社机械库院里，大军和大宝正在商量秋整地的事情，远处传来悠扬的二人转小调。

第一步：先灭茬，后深翻；
第二步：联合整地机耙耢平整土地；
第三步：施肥起垄。

大宝开着拖拉机，按照小农科的要求分三步开始秋整地。

　　为了让农户们进一步对秋整地和春整地有科学的认识，小农科通过农民课堂，把大家集中在一起进行培训。小农科在台上讲，大伙儿在台下问，通过互动交流，大伙明白了秋整地为啥好处多多。

坐水种

　　课堂上，人们热烈地讨论着：秋整地好，但遇到春旱又怎么办？于是，小农科又给农户们讲解了坐水种和保护地栽培这两种抗逆播种的方法。第一种方法是坐水种。坐水种是指在土壤墒情不足时，开沟滤水机械播种或滤水后人工点播芽种。

保护地栽培法

　　第二种方法是保护地栽培法。是采用地膜覆盖等技术来实现保墒、增温、保苗的措施。

　　看到大家学习的热情高涨，小农科趁热打铁，对春季玉米苗期侵染的系统性病害也进行了讲解。小农科通过多媒体把农户常见的乌米，即玉米丝黑穗病展示给大家看，并问大家如何防治。

　　一时间，大家七嘴八舌。偷摸来学习坐在后排的大军媳妇儿也急切地想知道"咋防"。老吴大哥提出："买防乌米的包衣种子行吗？"小农科告诉大家，选择包衣种子只是一个方面，但最有效的是选择抗玉米丝黑穗病的品种。

玉米丝黑穗病的防治

a) 禁止从病区调运种子；

b) 进行高温堆肥，杜绝生肥下地；

c) 三年以上轮作；

d) 选不带菌的田块育苗，苗育至3到4片叶后移至大田；

e) 搞好田间卫生，及时清除病瘤和病残体；

f) 调整播种期，要求播种气温稳定在12℃以上；

g) 提高播种质量，根据土墒适当浅播，或趁墒抢种。
春旱地区可坐水浅播，冷凉地区可结合催芽适当晚播。

另外，还有一些农业措施对玉米丝黑穗病有一定的防治效果，小农科对这些农业措施进行了分类总结，提醒大家一定要注意。

要针对种植的品种来调整行距、株距，达到合理密植。

一般镇压后播深应该在4厘米左右。

　　冬去春来，到了要播种的时候了。大军和小农科到农机合作社看大宝调整机械。大宝自信地告诉他们："再调调行距就好啦。"小农科提醒大家，除了合理密植，还要注意适时播种，及时镇压，并要保证播种深度。

　　有了小农科传授的真经，大军心里有了底，笑着对大宝说："合作社这些地的播种可都交给你啦！"爱摆弄机器的大宝也更加有了信心，一个劲儿地表态："放心吧，我可是这十里八乡最好的农机手。"

　　初春，大地复苏，万物生机勃勃，大宝开着大型播种机在播种玉米。大家在地头围观，大军媳妇儿高兴地说："这新机器就是好，一去播八垄，回来又是八垄，又快又匀乎。"

现在正是春播的好时候，除了播种外还要做好封闭除草的准备呢！

　　这时，老吴和小农科从远处走来。大军看到小农科的到来非常欣喜。小农科蹲下来查看播完的玉米田，并叮嘱大家做好封闭除草的准备。

　　"去年春天雨水大，草都长疯了，今年怎么防草害，大家都发愁呢，你讲讲呗！"老吴大哥急切地说。小农科告诉大家，利用除草剂喷药防草害主要有两个时期。

播后、出苗前"封闭"除草

一是播后、出苗之前，在田间湿度适宜、温度较高时，可进行"封闭"除草，用药膜封闭地面。

3～5叶期茎叶处理

　　二是在玉米出苗后，3～5叶期进行茎叶处理。5叶期以后，玉米心叶对除草剂比较敏感。除特殊药剂外一般不建议继续化学除草，以免产生药害。

　　听了小农科的讲解，大家七嘴八舌地开始议论。快舌快语的大军媳妇儿说道："去年春天，二宝家苞米长得七扭八歪的，苗又白又黄的就是药害闹的。""可别用错了药，把苞米喷死都有可能啊！"老吴紧张地说。

一定要选用专用除草剂，大雨前或者土壤太干时不能喷药。

　　小农科趁机叮嘱大家："一定要用专用除草剂。同时要注意，大雨前或者土壤太干时不能喷药；要严格掌握使用农药的量、浓度和方法；除草时还要掌握正确的方法，避免盲目用药造成损失。"大家听后一个劲儿地点头。

　　6月初合作社的玉米地苗壮、苗齐，绿油油的玉米田一望无际，大宝开着大型中耕机在趟地。大军媳妇儿望着来来去去的拖拉机，迫切地追问大军："趟地真那么重要吗？"大军告诉她"一分耕耘，一分收获"。

第一遍深松整地要达到25厘米以上，起到通气、除杂草、蓄雨水、提高地温的作用。

　　按照小农科的说法，第一遍深松整地很重要，一定要达到25厘米以上，深松培土可以除杂草、蓄雨水，通气儿了，地温也就上来了。这样第二遍、第三遍趟地、培土、上土就容易了！

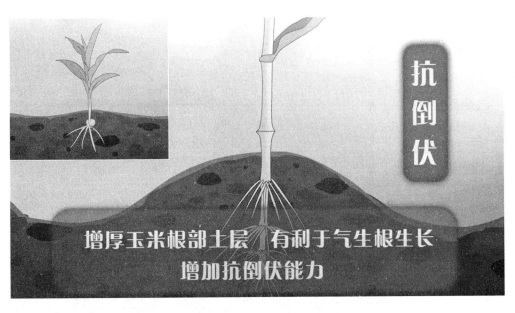

抗倒伏

增厚玉米根部土层　有利于气生根生长
增加抗倒伏能力

　　玉米苗期根部瘦小，露在地面上的植株在风中左右摇摆；垄上土层增高后，气生根旺盛生长，植株不再摇摆。

打春阳气转，
雨水沿河边，
倒伏预防早，
趟地莫偷懒，
品种莫贪高，
肥水适当管，
哎啦哎咳哎咳呦，
防病创高产。

垄侧深施效果好，深度要达到10厘米以上。

9~11叶时，结合第一遍趟地追肥，在黑龙江一般每亩[1]追尿素30~50斤[2]。

　　培土增厚了玉米根部的土层，有利于气生根的生长，增加玉米的抗倒伏能力。结合第一遍趟地追肥，丰产丰收有保障。

---

① 亩为非法定计量单位，1亩≈667米²。②斤为非法定计量单位，1斤=500克。

　　转眼到了7月，地里的农活不多，大军正在家里午休，大军媳妇儿在家翻找前两天取出的钱。

　　一声手机铃声将大军吵醒，他看过短信提示后，急忙下炕，拔脚就往屋外走。大军媳妇儿不知道出了啥事儿，也追了出去。

　　大军正翻开一片叶子，用牙签把一小片蜂卡别在叶背上。看到媳妇儿来了，他举起一小块撕下来的蜂卡让媳妇儿看。"这不是虫卵吗？"大军媳妇儿疑惑道。"没见过吧，这是防治玉米螟的。"大军得意地介绍道。

赤眼蜂将卵产在玉米螟卵内，使虫卵不能孵化成幼虫，达到防治玉米螟的目的。

　　大军拿着蜂卡给媳妇儿讲解："这是赤眼蜂的卵，蜂子孵出来，再把卵产到玉米螟的卵上，玉米螟就孵不出来了。"大军媳妇儿不住地感叹："虫子也玩高科技了！"

　　大军告诉媳妇儿，这叫生物防治。要将蜂卡分两次放到田间，达到密度1.5万头/亩，过个四五天再放一次。这蜂子一茬儿接一茬儿地孵出来，玉米螟就没机会啃苞米秆了。

生物防治用药少，防病治病效果好。
无毒无害又环保，科技助力产量高。

　　赤眼蜂喜欢在新鲜的玉米螟卵块上产卵，挂晚了就不顶用了。大军媳妇儿这才明白自己的钱去了哪儿，不禁埋怨道："为什么不早告诉我钱哪去了？""急啊，虫子等不了！"大军笑着说。

　　合作社和周边的玉米种植户一起订了蜂卡，这样就能保持一定范围内赤眼蜂的密度，这对防治效果很关键。

　　一阵微风送清凉，玉米拔节生长忙，开花，散粉，吐花丝，蝴蝶飞，蜜蜂忙，穗饱满，秆茁壮，科技服务好，人人喜洋洋。

　　夏日的傍晚，天气格外凉爽，农户们在村委会院子里举行消夏晚会。借着这个晚会，小农科也想给农民们进行一场玉米科学施肥培训。

　　舞台上，大宝扮成瘦玉米，大军扮成胖玉米，穿着卡通玉米服装，倒着小碎步上台来了。他们俩一唱一和，将玉米生长过程中最关键的施肥环节的重要性惟妙惟肖地展示给了大家。

　　瘦玉米羡慕地摸着胖玉米的胖肚子，带着哭腔向他询问秘诀。胖玉米告诉他："一年四次肥：基肥、种肥、拔节肥、穗肥，一次都不落。"

　　胖玉米如数家珍般给瘦玉米讲他的菜谱，说他的菜谱都是去年秋天制定的。前一年秋天得到测土养分含量，然后根据含量决定他吃多少。

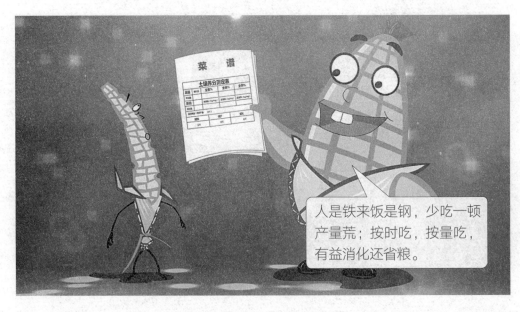

说完后，胖玉米得意地拍拍自己的肚皮，开始一项一项地显摆，嘴里还念叨着。

　　施基肥，莫偷懒，有机肥料肥效长；施种肥，很重要，测土配方效果强；拔节期，要追肥，营养跟上提产量；抽雄后，看长相，追点氮肥加营养。

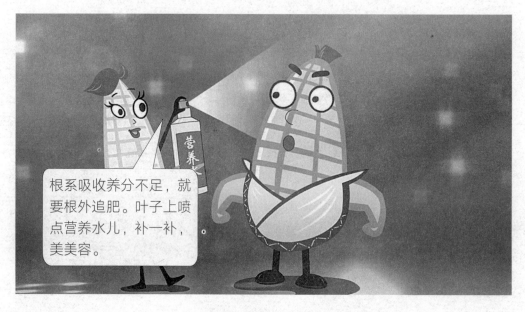

根系吸收养分不足，就要根外追肥。叶子上喷点营养水儿，补一补，美美容。

　　一阵锣鼓点后，一个窈窕婀娜、头戴花巾的小媳妇玉米穗，托着一瓶营养水上场。她走到胖玉米身边，开始给胖玉米喷营养水。

　　瘦玉米一看这情形，请小媳妇玉米也给他诊断一下。小媳妇玉米拿出放大镜对着瘦玉米上上下下仔细观察了一番，指出了他的症状。

氮
1.7

磷
1

钾
0.8

　　小媳妇玉米拉出氮、磷、钾三个肥箱，给瘦玉米详细讲解了怎么才能做到不偏食、营养均衡。

　　具体到龙泉乡，小媳妇玉米告诉大家："咱村里的地今年测土得出氮、磷、钾肥配比是1.7∶1∶0.8。"

看了他们的精彩表演，台下传来阵阵叫好声。

　　转眼到了8月中旬，雨过天晴的午后，大军在院子里擦摩托车，听到院外传来急速的摩托车声响，抬头看到老吴骑车过来，随口问道："干啥去呀？""小农科在地头儿呢，说我家地里发现大斑病了。"摩托车疾驰而过，转眼就看不到了。

　　听了老吴的话，大军也急忙扔下手里的抹布，往自己地里跑去，他怕自家地里的苞米也被传染上大斑病。

　　大军先来到老吴的地里，这时的玉米都到乳熟期了，玉米棒子已经成形，长得很大。小农科从植株下面拔下一片叶子，叶子上有灰绿色小斑点。

　　小农科让老吴和大军看叶子上的斑点，告诉他们这是大斑病刚刚开始发病，后期会形成黄褐色或灰褐色棱形大斑，严重的叶片会变黄枯死。

阴雨连绵的特殊气候，导致大斑病菌繁衍传播范围广。

　　大军急切地向小农科询问是不是玉米品种的原因，小农科告诉他和老吴，能在省里推广应用的，都是大斑病抗性达到一定程度的。因为今年气候太特殊，一直阴雨连绵，才导致大斑病菌繁衍传播比较广。

　　小农科告诉他们不用太担心，因为发现得早，加上玉米已进入乳熟期，早点防治，不会对产量有太大影响。不过发生病菌严重的地块会减产五成以上，甚至绝产。

　　小农科接着说，玉米大斑病关键在预防。在玉米种植发达国家和咱省的大农场，玉米抽雄前，用农用飞机喷杀菌剂来预防大斑病已是常态化。

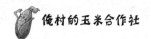

选择抗性品种；
化学药剂防治；
种植实行轮作；
清理深埋病残体。

适当补充叶面肥，清除杂草，打掉底叶，田间通风透光。

　　小农科一边安排喷药事宜，告诉大军明天一早就喷药，要喷2～3次，一边告诉他们一些其他的防病方法：从长远来讲，防治玉米大斑病还有很多方法，如增强玉米抗病性、降低发病率和传播程度等。

　　转眼到了10月上旬，小农科和大家一起去看玉米成熟情况。他指着一片绿地问："那是谁家的地？"一农户着急地上前回答："是我们家的地，正想问你咋办呢?"

　　小农科看了看说道："品种熟期选得相对晚了些，乳线还有3/4，眼看着霜期快到了，你只能采取人工降水措施了。""咳，这熟期选不对真害人啊！"农户后悔地连连叹气。

扒皮晾晒，削去穗上秆叶；或挂茬晾晒继续脱水（后者费工）。

　　大军又向小农科询问解决降水问题的办法。小农科告诉大家："可以采取扒皮晾晒，削去穗上秆叶；还可以利用秋后'小阳天'，采用挂茬晾晒继续脱水的办法，但很费工夫。"

不成熟　　成熟

　　几个人正说着话，大军媳妇儿在远处合作社的苞米地里向他们招手。大军媳妇儿扒开一个硕大的玉米外面的松散黄皮，拿给小农科看。小农科告诉她："长得很不错，不过离收获火候还差点儿。"

掐不出印儿，乳线消失、出现黑胚层，玉米达到成熟期。

　　"合作社的玉米还没达到完熟，收上来容易焐堆，籽粒不饱满，不好卖。"说着，小农科又从兜里拿出半个掰开的玉米，和刚才的玉米作对比，告诉大家判断玉米成熟的方法是什么，还告诉他们，只有在成熟期收获才能最大限度地保证产量和质量。

　　终于到了能收割的日子了。大军指挥收割机停下，让一部卡车开过去。收割机上出粒管道旋转至侧面对准卡车车斗，玉米粒哗啦哗啦被输送到卡车里，装得满满的。

　　小农科、大军和老吴等人围在一起核算今年的收成。远处驶来一辆摩托车，二宝从城里打工回来了。大军拉着二宝在小农科电脑上看核算结果，告诉他："咱合作社亩产1500斤，比老吴哥多了200斤呢！""比去年我自己种的时候可强多了！"二宝高兴地说。

参加专业合作社，实行标准化种植，投入虽然比个人的高，可是每亩要多收益150元钱。如果农机具配套的话，还可以改成110厘米大垄，种植密度适当增加，产量会更高，效益会更好。

　　小农科也用实际数据向大家说明了加入合作社的好处。一直没加入合作社的老吴听了后频频点头，不好意思地说："其实这半年我也看出来了，我也想找大军商量入社呢。"

  大家有说有笑地谈论着好收成。大军一手拉着小农科，一手拉着老吴，叫上大伙儿上他们家去喝酒庆贺。

乡村振兴农民培训教材：现代农业新技术系列科普动漫丛书

小西瓜大身价

刘　娣　主编

中国农业出版社

北　京

图书在版编目（CIP）数据

小西瓜大身价 / 刘娣主编. —北京：中国农业出版社，2020.10
（现代农业新技术系列科普动漫丛书）
乡村振兴农民培训教材
ISBN 978-7-109-27391-7

Ⅰ.①小⋯　Ⅱ.①刘⋯　Ⅲ.①西瓜－瓜果园艺－教材
Ⅳ.①S651

中国版本图书馆CIP数据核字（2020）第187167号

中国农业出版社出版
地址：北京市朝阳区麦子店街18号楼
邮编：100125
责任编辑：闫保荣
责任校对：赵　硕
印刷：中农印务有限公司
版次：2020年10月第1版
印次：2020年10月北京第1次印刷
发行：新华书店北京发行所
开本：787mm×1092mm　1/24
印张：$3\frac{5}{6}$
总字数：700千字
总定价：150.00元

丛书编委会

总　顾　问　韩贵清

主　　　编　刘　娣

农业技术总监　刘　娣　闫文义

执　行　主　编　马冬君　王喜庆

副　主　编　许　真　李禹尧

本册编创人员　贾云鹤　付永凯　闫　闻

张喜林　王　宁　孙　雷

樊兴冬　龙江雨　李定淀

前　言

　　黑龙江省农业科学院秉承"论文写在大地上，成果留在农民家"的创新理念，转变科研发展方式，成功开创了融科技创新、成果转化和服务"三农"为一体的科技引领现代农业发展之路。

　　为了进一步提高农业科技成果普及率，针对目前农民生产与科技文化需求，创新科普形式，将科技与文化相融合，编创了以东北民俗文化为背景的《现代农业新技术系列科普动漫丛书》，主要内容包括玉米、大豆、水稻、马铃薯等主要粮食作物栽培新技术；苜蓿、西瓜、木耳等饲料及经济作物种植新技术；生猪、奶牛、肉牛等家畜饲养新技术。该系列图书采用图文并茂的形式，运用写实、夸张、卡通、拟人的手段，融合小品、二人转、快板书、顺口溜的语言，图解最新农业技术。力求做到农民喜欢看、看得懂、学得会、用得上。实现了科普作品的人性化、图片化、口袋化。

　　《现代农业新技术系列科普动漫丛书》对帮助农民掌握现代农业产业技术发挥了重要的作用，为适应党的十九大提出的乡村振兴战略要求，我们对该丛书进行整合修订，以满足乡村振兴背景下农民培训工作的新要求。

编　者

2020年8月

近年来，随着生活品质的提高和消费群体的改变，皮薄肉甜的小型礼品西瓜深受人们喜爱。精明能干的蔬菜种植户老虎抓住市场、找准机会，决心放开手脚，在小西瓜的大市场中闯出一番天地……

主要人物

省农科院专家 小农科　　老虎　　老虎媳妇　　刘大爷　　大西瓜　小西瓜

　　这两年，小型礼品西瓜备受市场和瓜农青睐，俨然成了西瓜世界里的大明星。瞧，美美的小西瓜一大早儿就高兴地唱上了……

　　俗话说，有人欢喜就有人发愁。见小西瓜出尽风头，备受冷落的大西瓜忍不住跳出来奚落她个头小，是早产儿。小西瓜也毫不示弱，说自己是又甜又美人人爱的小型品种。

就在他俩吵得难解难分的时候，当年西瓜价格出来了。小西瓜居然比大西瓜贵了一倍还多，气得大西瓜直喊不服。

头一年6月

都是西瓜，这价格咋就差了这么多呢？故事还得从头年6月说起。

　　老虎一大早儿就把小农科堵在了省农科院的智能温室里，讨教能让西瓜早上市、卖高价的"秘方"。小农科告诉他："要想让西瓜在6月初上市卖高价，只能种早熟品种，4月份就得定植到地里。"

　　说话的工夫，老虎咬了一口小农科刚切开的小西瓜。这6月初的小西瓜不但皮薄籽少，吃到嘴里还特别甜，让老虎不由得大吃一惊。

　　小农科解释说："黑龙江地区6月初昼夜温差特别大，白天棚内四十多度，晚上才十五六度。所以，这季节长熟的瓜，糖度特别高。"

老虎又把周围几个大大小小、不同品种的瓜都看了一遍，最后还是拿起刚吃过的小西瓜，嘴里嘀咕着："我就相中它了。"

　　小农科连忙介绍说:"这是小型礼品瓜,切开一次就能吃完,口感又好,在城里卖得可好了。"小农科还帮助老虎选了一个不爱开裂、抗病性好的品种。

　　小农科叮嘱老虎："这种高附加值的礼品瓜，配套技术和大瓜可不一样，一定要用现代化的生产方式生产，育苗的要求相对高。"

　　秋去冬来，小农科如约来到村里给种植户们做培训。老虎两口子坐在第一排，听得格外认真。

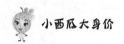

培训首先从施肥开始，小农科给大家讲解了施肥的原则。

　　通过土壤检测，可以知道土壤中主要营养元素氮、磷、钾等的含量有多少。缺啥补啥，缺多少补多少，按照配方来施肥。

　　老虎连忙打听自家土地土壤检测的结果。小农科告诉他，报告已经出来了，并根据他家土地的土壤条件给出了一套科学的施肥方案。

每亩[1]：
施用腐熟有机肥3000千克，
硫酸钾30千克，
磷酸二铵40千克。
施肥量根据地力适当调整。

先施底肥，每亩施有机肥3000千克，硫酸钾30千克，磷酸二铵40千克。

---

[1] 亩为非法定计量单位，1亩≈667米^2。

垄宽1米

畦高20厘米

　　施过有机肥，旋耕整地。在定植前10天起垄，垄宽1米，畦高20厘米。

最后，安装配套的水肥一体化设备，这地就算准备好了。

老虎两口子正在大棚里忙活，隔壁的西瓜种植户刘大爷好奇地溜达进来。老虎连忙招呼他。"这叫水肥一体化，又能浇水又能施肥；微肥啥的，放到这个施肥罐里，随着浇水就进地里了，特别方便。"老虎对刘大爷说。

老虎告诉刘大爷："今年不种菜了，准备种小西瓜。就追点钾肥、镁、钙啥的，放这玩意儿里头，一送水，就完事了。"听老虎说打算种小西瓜，刘大爷吃惊地瞪大了眼睛。见他这么大反应，老虎媳妇被吓了一跳。

　　原来，刘大爷去年在棚里种了一年大西瓜，才刚能保本。眼看老虎要种小西瓜，怎么想都是笔赔钱的买卖。老虎却信心十足地表示赔不了钱。

　　小西瓜虽然个头小，可是一垄双行吊起来立体栽培，一个棚能收2000多个瓜，总产量比大瓜产量高，卖价也高。

小瓜产量还能
比大瓜高?

刘大爷越听越糊涂,他觉得老虎说话太邪乎,根本不可信。

　　刘大爷边摇头边往外走，心里想着年轻人做事实在是不靠谱，还是抓紧时间拾掇自己的育秧棚要紧。

　　真是冤家路窄，小西瓜和大西瓜在育苗的路上又见面了。只不过
大西瓜是带了一群小瓜子去刘大爷家的育秧棚，小西瓜则是送自家的
孩子们去省农科院的工厂化育苗中心，培育嫁接苗。

大西瓜又是一顿冷嘲热讽，嘲笑小西瓜有基因缺陷。

　　小西瓜解释说："西瓜嫁接在葫芦苗上，可以抗病虫害。"并邀请大西瓜一起去育苗中心。

可大西瓜并不买账，一把推开小西瓜，带着一队小瓜子径直朝刘大爷家育秧棚走去。

　　"别去，刘大爷家的育秧棚是重茬种西瓜，是咱西瓜的大忌。"
小西瓜在后面着急地喊，可是大西瓜已经走远了。

　　见拦不住大西瓜，小西瓜无奈地叹了口气，喃喃道："重茬种西瓜很容易得枯萎病的。"小瓜子们连忙围上前，问什么是枯萎病。

枯萎病

　　伸蔓期开始，要是得了这个病，根变褐、叶打蔫儿，最严重的就全都枯死了。

　　听说枯萎病这么可怕，小瓜子们都吓得哭了起来。小西瓜连忙安慰他们道："咱家自带抗病基因，而且育苗中心的苗土严格消毒，用的是生物有机肥。还有，葫芦苗跟咱嫁接可提高抗病能力。"小瓜子们这才破涕为笑。

　　小西瓜带着孩子们来到了工厂化育苗中心。可进去之后发现，育苗中心里并排有两个房间：一个门上写着"自根苗育苗区"，另一个门上写着"嫁接苗育苗区"。小瓜子们一时不知道该往哪儿走。

自根苗育苗期管理要点				
	白天	夜里	水分	湿度
出苗前	28～30℃	20℃		
出苗后	20～25℃	13～15℃	不浇水，防徒长	50%～60%
第一片叶展开	25～30℃	16～17℃	见干见湿，促生长	
定植前一周	22℃	12～13℃	一般不再浇水	

　　小西瓜告诉孩子们："自根苗区培育的是自根苗，不嫁接的。第一茬种西瓜病害少，可以用自根苗，但还是有风险。"说完就大步朝嫁接苗区走去了，嘴里还嚷着："快来，咱是精品瓜，还是嫁接更安全。"

客户：老虎
定植时间：4月20日
数量：2400株

　　西瓜苗与抗枯萎病的葫芦苗嫁接到一起，再种到营养钵里，生根长叶。

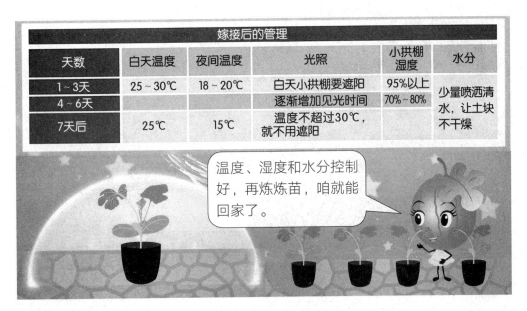

嫁接后的管理					
天数	白天温度	夜间温度	光照	小拱棚湿度	水分
1~3天	25~30℃	18~20℃	白天小拱棚要遮阳	95%以上	少量喷洒清水，让土块不干燥
4~6天			逐渐增加见光时间	70%~80%	
7天后	25℃	15℃	温度不超过30℃，就不用遮阳		

温度、湿度和水分控制好，再炼炼苗，咱就能回家了。

　　如果温度不够，还要扣个小拱棚保温、保湿，确保嫁接苗安全长大。

　　转眼进入3月底，刘大爷家的大瓜还在出苗，老虎订的工厂苗已经开始炼苗了。

　　"我是在育苗中心预定的嫁接苗，不在这儿，再过十几天就能拉回来啦！"老虎告诉刘大爷。刘大爷一听连苗都是买的，连连摇头，说："年轻人太大手大脚。"

　　老虎跟刘大爷解释了为什么要选用工厂苗，可刘大爷却晃了晃手上的"高产大西瓜"种子包装，觉得自己育苗也不差。老虎看到刘大爷手上的包装袋，着急地问："大爷，您播下去的是这种种子？"

　　原来，刘大爷用的是露地西瓜品种。该品种种在大棚里，咋伺候它都长不好。必须赶紧换种、换苗，可刘大爷仍旧不以为然。

　　在大棚里种西瓜，必须用专门的大棚品种，并配上专门的大棚种植技术。而且，刘大爷已经连种两年西瓜，病害会特别重。

　　老虎提议帮刘大爷从育苗中心找点合适的嫁接苗，把现在的苗给换了。可刘大爷并不领情，还抱怨老虎管得太多。

　　刘大爷气哼哼地转身就走。老虎追上去叮嘱他做点预防，先给土壤消毒再定植。但那倔老头显然没听进去。

　　真是有什么样的主人，就种出什么样的西瓜。这大西瓜跟刘大爷一样，都是不听劝的倔脾气。他看着比自根苗明显小了一号的嫁接苗，嫌弃地说："怪模怪样的，长出来也是个歪瓜！"

早春害虫主要有：
蓟马、蚜虫、白粉虱等

自根苗

嫁接苗

　　小西瓜却骄傲地说："我们结出瓜来，比谁都漂亮，关键是还不得病。"

  就在大、小西瓜斗嘴的工夫，突然出现了大片飞虫，"嗡嗡嗡"地围着两个小苗打转。

　　大西瓜焦急地催促小西瓜赶紧打药，可小西瓜却不紧不慢地拿出黄、蓝两种颜色的板子插进地里。

防虫粘板

说来也怪，只见害虫们忽然都在空中停住，片刻后像中了邪一样加速向板子冲去，最后竟然"砰砰砰"地撞到板子上不动了。

　　大西瓜目瞪口呆地看着粘虫板，嘴里叨咕着："疯了，疯了。"小西瓜这回没有搭话，只是高兴地摆弄着嫁接苗，准备回家栽苗了。

　　垄台上的地膜已经用打孔器打出栽苗用的孔洞，并挖出若干坑穴，用小碗将水依次倒进坑穴。

定植期的嫁接苗连根土一起移入坑穴，空隙用覆土填满。

缓苗期：昼28~32℃
夜12℃以上
伸蔓期：昼25~28℃
夜15℃以上

保持高温缓苗快，
生根长叶在同时。

连续的昼夜更替，小苗也逐渐长出了新的叶片。

一条蔓绕到绳上，另一条蔓甩到地上。

　　刘大爷虽然嘴上说老虎年轻办事不靠谱，可心里也好奇这新鲜玩意儿。见老虎家大棚开着，便走进去看个究竟。刚巧小农科也在，老虎热情地把专家介绍给刘大爷。刘大爷见瓜棚里挂满了绳子，很是新奇，问小农科这到底是啥名堂。

没有阴阳面

甜度高 没纤维

　　小农科告诉他："把西瓜蔓挂到绳子上，让它顺着绳子往上长。以后长出来的瓜，吊在空中，没有阴阳面，前后左右都是甜的。甜度比爬地瓜高不少，还没有纤维，口感好。"

　　"这是省农科院的新技术，瓜好，还省地方。"老虎乐呵呵地在一旁补充，听得刘大爷频频点头。

看倔老头心情不错，小农科又说："听说您在大棚里重茬种露地西瓜，这种情况下西瓜特别容易得枯萎病，而且一发现就晚了。"连专家都这么说，刘大爷心里也开始着急了。

　　小农科拿出一份枯萎病防治方法交给刘大爷，并叮嘱他不能大意，要按照化学防治方法，在伸蔓期和膨大期进行药剂灌根处理，不仅可预防枯萎病，还能提高产量。

　　刘大爷转身往外走，发现旁边挂着的黄色塑料板上已经粘了好多蚜虫。小农科告诉他："虫子喜欢鲜艳的颜色，自己就往上撞，粘上就跑不了了。"刘大爷这回对专家算是彻底服了。

　　老虎把多出的几块黄色、蓝色的板子送给了刘大爷，老头凑在老虎耳边低声道："这老师还真有点高招，他这喷药的方子，我回去试试！"说完就拿着板子回家去了。

到了开花期，瓜蔓已经爬到半人多高，结出黄色小花。老虎两口子在大棚里做授粉前的准备，两人热得汗流浃背。老虎告诉媳妇："要想坐果好，温度绝对不能低。"

　　老虎一边搬蜂箱一边得意地对媳妇说:"这小蜜蜂往里一放,咱俩就不用管了。自然授粉长出来的瓜可甜了,授粉均匀,不容易畸形。"媳妇兴奋地说:"瓜好,人也不遭罪,这钱没白花。"

　　自打有了蜜蜂授粉，"坐瓜灵"可就失业了。眼瞅着自己的铁饭碗就这么被抢了，"坐瓜灵"干生气也没办法，只好气鼓鼓地往刘大爷家去了。

　　刘大爷打算听老虎的建议，去买预防枯萎的药，想着帮老虎家把药一起带回来，可老虎却说他家用不上。刘大爷不高兴了，心想："你自己都不用的药，撺掇我花钱买。"索性他也不买了。

　　听说不用买药预防枯萎病，老虎媳妇倒有些不放心了。老虎耐心地跟她解释道："咱的种植方式和刘大爷不一样，农药、化肥用得都少。咱家最难的，是把浇水、温度和湿度给管好了。"

到了开花期，瓜秧上结出黄色的花苞，甚是喜人。

进入膨大期的小西瓜一定要少量多次地补充水分，才能长个儿又不炸果。

小西瓜把尿素、过磷酸钙、碳酸钾配到一起制成膨瓜肥，配合膨瓜水美美地喝到肚子里。

采收前一周
保持昼夜温差15℃左右
不再灌水

采收前一周，为了让自己能够甜甜地被带走，小西瓜渴得要命，硬是强忍着不喝水。早上热得流汗、晚上冻得哆嗦，同样没有半句怨言。

　　老虎家的瓜棚里，即将成熟的小西瓜舒服地躺在吊床上睡午觉，和刘大爷瓜棚里满头大汗、难受得翻来覆去的大西瓜形成鲜明对比。小西瓜告诉他："因为他家用的是膜下滴灌，不是大水漫灌。"

　　水分直接进土，顺着茎叶供应上来，空气干爽得很，又舒服又不爱得病。大西瓜听了非常羡慕。可是，小西瓜虽然日子过得舒服，但一连几天都不长个儿，也有点闹心。

　　眼见就要采收了，可小西瓜就是不长个儿，老虎有点犯愁。小农科看过温度、湿度记录后告诉他："使用膜下滴灌能使空气干爽，但也要避免湿度过低，从而影响产量。"

　　为保证产量，当湿度低于50%～60%时，可以采用沟灌来增加棚内的湿度。但要注意通风，避免湿度过大发生白粉病。

　　这天一大早儿，刘大爷远远看到，老虎家瓜棚外停着的两辆运输车里，已经堆了不少装箱的小西瓜。再看看自家一棚的生瓜蛋子，老头心里甭提多着急了。

　　大西瓜跳出来抱怨道："叶子湿乎乎地贴在地面上，长得磕碜还爱生病。能不能别再大水漫灌了，棚里湿度太大了。"正说着，只听咔嚓一声，大西瓜头上又裂开一道口子，疼得他连连惨叫。

　　哪成想屋漏偏逢连夜雨，刘大爷发现好些瓜叶都打蔫儿了，六神无主的他连忙让老虎给小农科打电话求助。小农科看过照片后，告诉他们这是枯萎病，幸亏发现及时，还能挽救，并把治病方法详细地说了一遍。

哎，你们提醒我用的药，我都没用。

你这种西瓜的方法也有问题。

　　刘大爷为自己当初没听小农科和老虎的劝告，懊恼不已。老虎见他终于认识到自己的问题，便趁机告诉他，种瓜的方法也需要改进了。

　　老虎劝刘大爷来年也种吊蔓小西瓜，见刘大爷还是犹豫不决，便给他算了笔经济账。小西瓜一亩地2200株，平均每个1.5千克，亩产3300千克，售价2万多。可大西瓜一亩地500株，平均每个5千克，亩产约为2500千克，售价只有1万。

刘大爷吃惊地问老虎为啥卖这么贵，老虎解释道："我这瓜不光品质好，嫁接加上蜜蜂授粉，又没打农药，绿色又安全，卖得当然贵了。小瓜熟得早，下茬种菜还能收个1万多呢。"刘大爷这回是服气了，打算第二年跟着老虎一起干。

随便摘？也没挂牌子，不知道哪天授的粉，有没熟的咋办？

　　刘大爷看着满棚的小西瓜，一时不知道该摘哪个好，老虎让他随便摘。瓜棚管理好了，就能做到一块儿熟、一次采收，这秘诀就在掐蔓上……

　　5片叶时，尖掐掉，让它重新长蔓。新出的蔓长得整齐，生长期一致，开花结果时间就统一了。

而且是蜜蜂授粉的，自然熟，卷须变黄、干缩，瓜就肯定熟了。

　　刘大爷摘下一个小西瓜，用手指一弹，又放到耳朵边拍了拍，不由得乐开了花。可他一下没拿住，小西瓜掉在地上，立马碎成了几瓣。

　　老虎捡起一块西瓜，让刘大爷尝一尝。"嘿，真甜呐！"大爷尝了一口，连忙竖起大拇指赞叹。老头子和小西瓜的脸上，全都乐开了花。

乡村振兴农民培训教材：现代农业新技术系列科普动漫丛书

小土豆增效记

刘 娣 主编

中国农业出版社

北 京

图书在版编目（CIP）数据

小土豆增效记 / 刘娣主编. —北京：中国农业出版社，2020.10

（现代农业新技术系列科普动漫丛书）
乡村振兴农民培训教材
ISBN 978-7-109-27391-7

Ⅰ.①小⋯　Ⅱ.①刘⋯　Ⅲ.①马铃薯–栽培技术–教材　Ⅳ.①S532

中国版本图书馆CIP数据核字（2020）第187192号

中国农业出版社出版
地址：北京市朝阳区麦子店街18号楼
邮编：100125
责任编辑：闫保荣
责任校对：吴丽婷
印刷：中农印务有限公司
版次：2020年10月第1版
印次：2020年10月北京第1次印刷
发行：新华书店北京发行所
开本：787mm×1092mm　1/24
印张：3
总字数：700千字
总定价：150.00元

丛书编委会

前　言

　　黑龙江省农业科学院秉承"论文写在大地上，成果留在农民家"的创新理念，转变科研发展方式，成功开创了融科技创新、成果转化和服务"三农"为一体的科技引领现代农业发展之路。

　　为了进一步提高农业科技成果普及率，针对目前农民生产与科技文化需求，创新科普形式，将科技与文化相融合，编创了以东北民俗文化为背景的《现代农业新技术系列科普动漫丛书》，主要内容包括玉米、大豆、水稻、马铃薯等主要粮食作物栽培新技术；苜蓿、西瓜、木耳等饲料及经济作物种植新技术；生猪、奶牛、肉牛等家畜饲养新技术。该系列图书采用图文并茂的形式，运用写实、夸张、卡通、拟人的手段，融合小品、二人转、快板书、顺口溜的语言，图解最新农业技术。力求做到农民喜欢看、看得懂、学得会、用得上。实现了科普作品的人性化、图片化、口袋化。

　　《现代农业新技术系列科普动漫丛书》对帮助农民掌握现代农业产业技术发挥了重要的作用，为适应党的十九大提出的乡村振兴战略要求，我们对该丛书进行整合修订，以满足乡村振兴背景下农民培训工作的新要求。

编　者
2020年8月

自打国家出台了"马铃薯主粮化"政策，向来心眼儿活泛的农民来喜就打起了这小土豆的主意（马铃薯俗称为土豆）。可因为苦于没有种植技术，不敢轻易尝试。这不，刚忙完秋收，他就风尘仆仆地赶到省农科院，向小农科讨教起科学种植马铃薯的学问了。

主要人物

合作社社长
来喜

来喜媳妇

省农科院专家
小农科

农民
振山哥

　　初秋的一个早晨，来喜风尘仆仆地赶到省农科院，正碰上科研人员推着一车土豆迎面走来。来喜好奇地瞥了一眼，心里不由地犯起了嘀咕："这么小的土豆能干啥用啊？"

　　来喜远远看到小农科朝他挥手，便连忙快步上前握住老朋友的手，忍不住打趣道："我说你们研究这么长时间，怎么种出来的土豆还没鸽子蛋大呢？"

　　小农科告诉他，那是脱毒薯原原种，别看小，一个能卖5毛钱，一小箱就值六七百块钱呢。怕来喜不明白，小农科索性把他拉到实验室窗外看个究竟。

　　马铃薯生长过程中会感染不同的病毒，积累在薯块里。在实验室里利用生物技术，从植株上提取没有病毒的组织，培育出脱毒苗，再到温室里生产出健康的第一代薯块，就叫脱毒种薯原原种。

　　"这玩意能干啥用啊？"来喜疑惑地问。小农科回答道："第一代原原种是繁种用的，然后就能在大田里种植了。咱自家留的土豆带毒，越种越减产，种植脱毒薯可就不一样啦，这好处还是让小土豆们自己告诉你吧。"

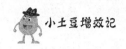

　　脱毒薯自信自己产量高，想在土豆田里自由安家。自留种不干了，挥舞着大刀要跟脱毒薯抢地盘。

　　哪成想脱毒薯不但不把自留种放在眼里，还得意洋洋地显摆起自家的优良基因。

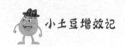

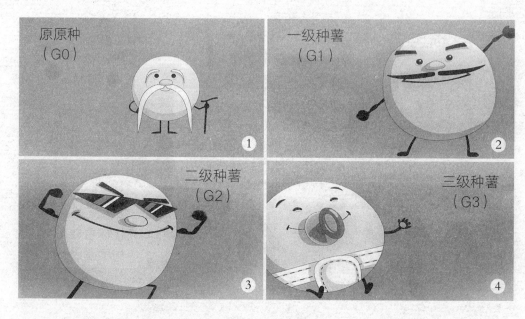

原原种
（G0）

一级种薯
（G1）

二级种薯
（G2）

三级种薯
（G3）

脱毒薯——展示了自家的优良基因。

　　这些优质基因使得脱毒薯个顶个身强力壮不闹病，下了地，茎粗、叶茂、薯块又大又整齐，产量可高了。

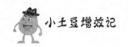

　　小农科告诉来喜，正规的脱毒种薯种下去，比自家留种的土豆能增产四五成，经济效益十分可观。而且，国家正在力推马铃薯主粮化战略，种植土豆大有可为。两人正说着，小土豆又不知从哪儿跳了出来……

小土豆站在餐桌上卖力吆喝，把土豆的好处说得头头是道。

薯片、薯条和薯泥，大人、小孩都来尝。
面条、饺子、大馒头，全粉做粮口口香。

土豆做成的各种美食让人垂涎不止。

　　憨态可掬的小土豆把来喜逗得竖起了大拇指。小农科又告诉来喜，和土豆轮作增产效果好的前茬作物有玉米、小麦、大麦、高粱等。

　　要注意前茬作物使用的除草剂，如豆磺隆、莠去津、氯磺隆等，这些长效残留除草剂会对后茬土豆有危害。

　　前茬要避免种甜菜、萝卜、大白菜等，其他茄科作物，如茄子、辣椒、番茄也不行，土豆不耐连作，还要选择三年内没有种过土豆的地块。

　　听了小农科的介绍，来喜种植土豆的信心更足了，他告诉小农科他家有两垧①岗地种了好几年玉米，明年就从农科院买脱毒种薯改种土豆啦。

_____

　　① 垧为非法定计量单位，1垧≈1公顷。

　　说干就干，小农科来到来喜家地里查看情况，并把选地要领告诉了来喜。种土豆最忌讳低洼地，水排不出去容易烂薯、感病，相比之下平地、岗地都适宜种植，最好是选择缓坡地，利于排灌。

不能是碱性土壤

　　种植土豆要避开碱性土壤，否则不容易出苗，爱得疮痂病，薯块品质低。

灌溉条件要好

　　土豆是需水较多的农作物，水分充足是保障高产的关键。因此，必须配备得力的灌溉设施。

　　来喜打定了主意要种土豆，心知媳妇那关不好过，为了讨媳妇高兴，特意做了一大桌丰盛的"土豆宴"。

　　来喜心里正七上八下地打鼓，媳妇刚好回来了。来喜连忙上前扶住媳妇笑嘻嘻说道:"哎呀，你回来了，快坐下歇会儿，菜正好上桌。"媳妇看着满满一桌子炖土豆、炒土豆、炸薯条，忍不住埋怨:"咋都是土豆，你啥意思啊?"

　　来喜心里想着"不光吃土豆，我还要种土豆呢"，嘴上可不敢怠慢，端起饮料小心翼翼地递给媳妇："咱那两垧岗地，我今天让小农科给看了，种土豆挺适合。""种土豆？你就说，得花多少钱吧？"媳妇开门见山。

    "一亩①地大概一千多块钱的投入。"来喜硬着头皮说。"噗！"听说光投入就得好几万，媳妇惊得一口饮料喷到来喜脸上，坚决不同意。

_____

① 亩为非法定计量单位，1亩≈667米²。

　　"投入高产出也高啊！"来喜擦着脸上的饮料，好脾气地辩解。
"拉倒吧，风险还大呢，没商量。"媳妇不为所动。来喜颓然坐下，
叹口气说道："唉，还真让小农科说对了。""他说啥了？"媳妇好奇
地问。

种土豆要做长远考虑，一年平、两年赚，最怕的是只看短期效益。一定要和家属商量好了，目光短浅可不行。

　　来喜把小农科的话学了一遍。媳妇认为来喜是在拐着弯说自己没见识，火大地扭头就走。来喜见拦不住，只好无奈地一个人喝起闷酒。

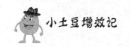

　　媳妇推醒半醉的来喜让他说说想怎么干。原来媳妇刚咨询了种土豆的亲戚，听说种土豆虽然挺费心，但如果有科学指导，就能大大降低风险，收益相当可观。"咱从农科院买正规的脱毒种薯，病害少、产量高。"见媳妇态度有所缓和，来喜酒也醒了，连连下保证让媳妇放心。

　　有了媳妇的支持，来喜高兴地哼着小曲儿，驾驶拖拉机进行秋整地。同村的振山大哥见此情景，好奇地上前打听："来年要种啥，咋松土这么深？"来喜媳妇告诉他打算种土豆。

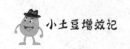

小土豆增效记

第一遍
顺垄整地
深度30厘米

第二遍
对角整地
深度40厘米

　　振山大哥不明白为什么斜着整地，来喜媳妇现学现卖地告诉他，上午正常方向整过一遍了，这第二遍才斜着整呢。对角整地，土里那一条一条的"隔子"就没了，土豆长得好。听得振山连连称赞："你家要能种好，以后在合作社推广推广，我们也能沾上光了。"

　　整地后播种前施底肥（占总肥量70%），有条件的地区可每亩施腐熟农家肥1.5～2.5吨。马铃薯是喜钾作物，生育期需氮、磷、钾比例为1：0.5：2，即钾肥需要量是氮肥的2倍。做好了以上工作，就该咱们的小土豆出场喽……

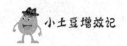

　　小土豆们睡得正香，土豆大哥从门外走进来，他大声催促小兄弟们快点起床。

　　懒洋洋的小土豆们晒起了日光浴，要想收成好提前晒种催芽不能少。

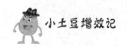

　　突然，土豆大哥挥着刀冲了出来，小土豆们吓坏了。原来是要切块，为播种做准备呢。

切好之后，土豆大哥又仔细检查了一遍，剔除盲块。

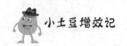小土豆增效记

播种前两天，小薯块都穿上了漂亮的粉色衣服。

　　做好了充分的播前准备，小薯块信心倍增，迈着整齐的步伐向田里走去。

　　"这老多活儿,咱俩人哪忙得过来呢!"来喜媳妇发愁地说。来喜告诉她干活儿的人都请好了,振山哥还答应免费帮忙,媳妇这才放了心。

　　来喜家地头，十几个人有的切种，有的拌种，有的负责装袋、搬运，在小农科指导下忙得热火朝天。

　　夏至前后，为了方便指导，小农科索性住到了来喜家里，来喜和媳妇都十分高兴。

　　小农科告诉他们，土豆要想高产，中期管理的活儿不少，他实在不放心。"也就打几回药，还有啥可干的？"来喜媳妇不以为然。小农科耐心给她解释："中耕、除草、浇水、防病虫害可都是大事。"说着，还从口袋里掏出两个奇形怪状的土豆……

两个有问题的小土豆凑到一起忍不住互吐苦水。

"次生"回忆着自己变成两个身子的遭遇很是委屈。

该中耕时不中耕，我一猛子长土外面去了，晒成了青脑袋，直接就废了。

"青头"也想起当初晒成青脑袋的经过，一阵难过。

兄弟俩你一言我一语地越说越伤心，双双大哭起来。

　　"懒媳妇，说你呢！"来喜指着媳妇嘿嘿笑。"呸！我才不懒呢！"媳妇忙反驳，不好意思地转身离开了。

　　来喜又问起剩下的一成肥怎么用，小农科告诉他，余下的做叶面肥，可以在打药时同时喷，还得补充点微量元素。

　　眼看这么多活没有安排，小农科提议去地里看看，来喜忙点头："太好了，我这心里正没个主意呢。"

土豆苗期需水很少，
发棵现蕾后小水要勤点浇。
块茎膨大期浇水很重要，
水分充足薯块大产量才能高。
土壤湿润地皮不干燥，
及时补水不怕辛劳。
种植后期浇水要少，
提前断水有利收割品相还好。

苗期
发棵期
块茎膨大期
种苗后期

10%　10%
30%
50%

　　大暑前后，土豆进入现蕾期，小农科带着来喜夫妇在地里一遍遍浇水，大家都又累又热，挥汗如雨。远处传来阵阵欢快的二人转小调，给酷暑天带来一丝难得的清凉。

苗期一成水

发棵期三成水

块茎膨大期五成水

种植后期一成水

　　苗期不同，浇水量不同。科学的浇水方法才能保证土豆的收成。

　　连日的辛勤劳作有了成效，开花盛期的土豆长势喜人，小农科心里一块石头总算落了地，跟夫妇俩道别后便骑上摩托离开了。小农科前脚刚走，来喜媳妇就一屁股坐在地上，抱怨起来："这小农科要求太高了，一遍遍浇水、一遍遍喷药，谁家种土豆这么累呀！"

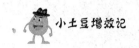

　　"想赚钱哪能怕累！"来喜安慰她。"咱还有好几种药没喷呢。预防晚疫病的药从6月下旬开始适时打药，可不能落下。"一听说又要花钱，来喜媳妇头都大了。

　　来喜继续给媳妇解释："即便植株不死，土豆上长病斑，也很容易腐烂，送去加工淀粉都没人要了。"得知晚疫病这么厉害，来喜媳妇担心血本无归，越想越心烦，索性不管了。这下来喜也生气了，夫妻两个开始冷战。

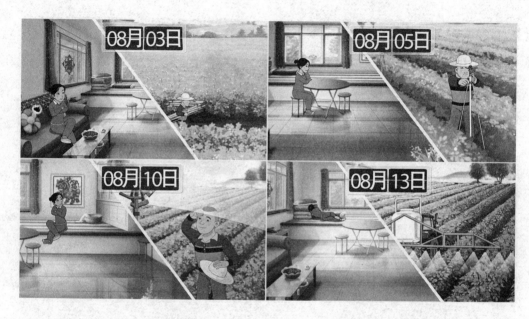

　　原本恩爱的夫妻俩谁也不理谁了。这边媳妇在家闲得无聊，那边来喜却丝毫不敢懈怠，浇水、打药一个人忙得大汗淋漓。

　　别看来喜媳妇嘴上说是不管了，可终究是放心不下，连午觉都睡不踏实，梦见晚疫病来找自家土豆的麻烦……

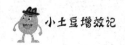

　　一阵急促的电话铃声惊醒了梦中的来喜媳妇，电话是她娘家种土豆的大舅打来的，原来他们村里好多家的土豆后几遍药没打，得了晚疫病，秆儿和叶子全死光了。

　　"咱家土豆啥事儿都没有！药一遍都没落下，这防病哪能心疼钱呢。"来喜媳妇强装镇定地让大舅放心，人却早已乱了方寸。抬头看见来喜从外面回来，也顾不得斗气，一把拉住丈夫的胳膊，着急地问："咱家土豆没事儿吧？防晚疫病的药你都打了吧？"

急死我了，咱家土豆到底咋样啊。

这才叫贪小便宜吃大亏呢！

　　来喜见她一副急火火的样子，心里偷笑，故意逗她说："打啥药啊？你不是怕花钱吗？""别闹了，大舅他们村好多家的土豆，后几遍药没打，得了晚疫病，满地都黑了，半大土豆就给收了，赔海了去了！"媳妇焦急地说。

　　看媳妇真着急了，来喜连忙告诉她，"今天小农科来地里检查了，说长得都挺好，收获前再喷一遍防晚疫病的药，土豆就不会感染了。收获前15天左右还要杀秧。还有好多活呢。"媳妇知道自己理亏，温柔地说："干活还有我呢。"

杀秧可以控制块茎的大小和品质，促进块茎表皮老化避免损伤。

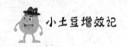

　　转眼到了寒露，来喜在地里开着收割机，所到之处翻出一排排白花花的饱满土豆，甚是喜人。村里的男男女女又聚在一起，有说有笑地帮忙收获，停在路边的两辆运输车很快就被装满了。

  收购商把计算器按得"啪啪"响，嘴里叨咕着，"每亩5500斤^①，每斤8毛钱，你看这数对不对！"看到自己一年的辛苦换来这么好的收成，来喜乐得合不拢嘴，不由地感叹："科学管理前期虽然投入高点，可两垧地就能净赚8万多呢。"

———————

  ① 斤为非法定计量单位, 1斤=500克。

　　听说来喜家的土豆卖了这么高价钱，振山哥心里纳闷，凑上来问个究竟。来喜告诉他："小农科说了，今年雨水大，土豆产量不高、质量不好，价格倒是比前两年高了几毛钱，质量越好价格越高。他帮着联系了土豆收购商，我赶紧就安排收获了。"

乡村振兴农民培训教材：现代农业新技术系列科普动漫丛书

小木耳大产业

刘 娣 主编

中国农业出版社

北 京

图书在版编目（CIP）数据

小木耳大产业 / 刘娣主编. —北京：中国农业出
版社，2020.10
（现代农业新技术系列科普动漫丛书）
乡村振兴农民培训教材
ISBN 978-7-109-27391-7

Ⅰ.①小… Ⅱ.①刘… Ⅲ.①木耳 – 栽培技术 – 教材
Ⅳ.①S646.6

中国版本图书馆CIP数据核字（2020）第187394号

中国农业出版社出版
地址：北京市朝阳区麦子店街18号楼
邮编：100125
责任编辑：闫保荣
责任校对：吴丽婷
印刷：中农印务有限公司
版次：2020年10月第1版
印次：2020年10月北京第1次印刷
发行：新华书店北京发行所
开本：787mm×1092mm 1/24
印张：4
总字数：700千字
总定价：150.00元

丛书编委会

前　言

　　黑龙江省农业科学院秉承"论文写在大地上，成果留在农民家"的创新理念，转变科研发展方式，成功开创了融科技创新、成果转化和服务"三农"为一体的科技引领现代农业发展之路。

　　为了进一步提高农业科技成果普及率，针对目前农民生产与科技文化需求，创新科普形式，将科技与文化相融合，编创了以东北民俗文化为背景的《现代农业新技术系列科普动漫丛书》，主要内容包括玉米、大豆、水稻、马铃薯等主要粮食作物栽培新技术；苜蓿、西瓜、木耳等饲料及经济作物种植新技术；生猪、奶牛、肉牛等家畜饲养新技术。该系列图书采用图文并茂的形式，运用写实、夸张、卡通、拟人的手段，融合小品、二人转、快板书、顺口溜的语言，图解最新农业技术。力求做到农民喜欢看、看得懂、学得会、用得上。实现了科普作品的人性化、图片化、口袋化。

　　《现代农业新技术系列科普动漫丛书》对帮助农民掌握现代农业产业技术发挥了重要的作用，为适应党的十九大提出的乡村振兴战略要求，我们对该丛书进行整合修订，以满足乡村振兴背景下农民培训工作的新要求。

编　者

2020年8月

燕子是典型的东北姑娘，性子泼辣，胆大心细，又能吃苦，自打嫁给龙哥，小两口恩恩爱爱，深得婆婆龙大妈喜欢。眼看着自己的丈夫每年秋收过后，就开着小货车走乡串县地倒腾山货，一走就是几个月，非常辛苦，燕子就想把家里的蔬菜大棚改造一下种木耳，帮丈夫减轻一些压力。可曾经种木耳吃过亏的龙哥却坚决反对，为此两口子闹起了别扭……

主要人物

省农科院专家
小农科

燕子

龙哥

龙大妈

菌袋哥

小弟

　　临近春节，积雪覆盖下的村庄略显萧条，却丝毫不影响龙哥回家过年的好心情。可他刚把车开进自家院子，就听见工具房那边传来"轰轰轰"的响声。龙哥嘴上边嘟囔着："整啥玩意儿，这么大动静？"边走过去看个究竟。

　　龙哥推开门，只见门口堆着种木耳的材料，装袋机正"轰轰轰"地工作，村上的几个妇女有的套袋、有的推机器，忙得热火朝天。而他媳妇燕子正拿着铁锹给装料机上料，就连母亲龙大妈也正给菌袋窝口呢！龙哥被眼前的景象惊得张大了嘴巴。

　　燕子见龙哥回来了，连忙高兴地迎上去。可龙哥却拉长了脸埋怨燕子不该自作主张，燕子生气地扭过头。龙大妈见这小两口当着外人就要掐起来，连忙出来打圆场。

咱那蔬菜大棚改造一下，一个棚能挂两万袋，毛收入能有七八万呢！

吹吧！

哼！不信拉倒。

原来，龙哥前几年就种过木耳，可最后没赚到钱白忙了一场，眼看媳妇又要往"火坑"里跳，难免有些急了。燕子告诉他："现在栽培技术不一样了，在大棚里立体种植的单片木耳，筋少、肉厚，还没根。"龙哥听了不以为然，燕子也上来倔脾气执意要干。

　　龙哥见劝不住媳妇，赌气道："过完春节，我还得去跑山货的货源，农忙时还要种玉米，没空管你。"眼瞅着两人见面就拌嘴，龙大妈有些生气了。燕子安慰道："我娘家村里，都是老太太、小媳妇在家种木耳，干得好着呢！"

　　"又不是没种过，搞不好就赔钱。"龙哥嘴上叨咕着，扭头出了工具房。这时，龙大妈突然想起前几天农业科学院的小农科老师说过拌菌料的事，连忙询问燕子是不是按要求准备好了。看来老太太虽然嘴上不说，但心里还是支持儿媳妇种木耳的。

要说咱这故事里种木耳谁是内行，那除了小农科就得是菌袋哥了。这不"菌袋哥课堂"又开课了……这位大哥一边给木屑浇水一边告诉小弟，提前浸泡木屑是为了彻底灭菌，防止菌袋感染杂菌。

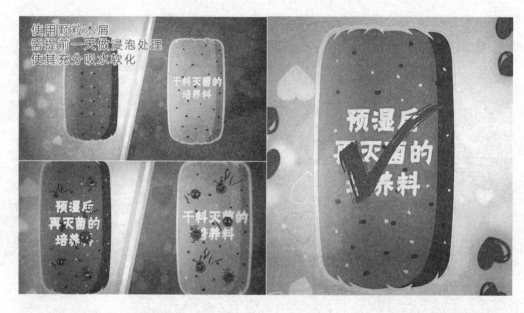

提前一天将木屑预湿，充分吸水软化，就能提高灭菌效果。因为同样的温度，湿热的杀菌效果比干热的杀菌效果更彻底。

按照配方来拌料

春栽木耳培养基配方：

木屑	80%
麸皮（稻糠）	17%
豆粉	2.5%
石膏	0.5%
含水量控制在	55% ～ 60%
pH	6.5 ～ 7.0

主料：湿木屑
辅料：麸皮、豆粉、石膏

　　菌袋哥指挥小弟依次把主料湿木屑和麸皮、豆粉、石膏等辅料放入大桶中，加水搅拌均匀。最后，菌袋哥从桶里抓起一把拌好的料用手握紧，有水痕但滴不下来，菌料就准备好了。

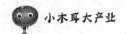

　　菌料拌好了，菌袋哥又开始给小弟讲解好菌袋的3个重要特点。

　　兄弟俩正说着话，眼尖的菌袋哥突然从身后的菌袋里抓出一个装袋太松的残次品，并告诉小弟，这样的残次品会造成憋根，就是木耳只在里面长，钻不出来。

　　这时，菌袋哥又发现有残次品的袋子被扎破了。这种情况接菌的时候一拔棒，袋口就给带出来了，进了空气很容易污染。

　　合格的菌袋必须在当天就进行高温灭菌。可怜的小弟一天下来累得腰酸背疼，刚想偷会儿懒，菌袋哥就抱着一捆柴火走了过来。

　　首先，大火猛攻，使温度达到100℃以上。然后，小火维持，10小时沸腾。

排尽灭菌器中的冷空气
防止出现假压

灭火后焖锅3小时以上

　　之后要排尽冷空气，防止产生假压；灭火后还要继续焖锅3小
时以上。

15

为了保证彻底灭菌，菌袋哥和小弟在蒸锅里热得大汗淋漓，也不敢提前出来。生怕灭菌不透，滋生杂菌。

充分冷却再接菌

冷却室

已消毒

灭菌后的菌袋
放在冷却室里
待温度降至
30℃以下再接种

　　高温灭菌顺利完成，热红了脸的小菌袋们排着队走进"冷却室"。出来的时候红脸蛋已经退了，体温也降到了30℃。原来，菌袋温度必须在30℃以下才可以接种，冷却不够会杀死菌种。

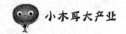

　　灭菌后的小菌袋排队进入接种室，拔掉插棒，接上菌种。接种过程必须保证无菌，所以操作要快。

　　完成接种的小菌袋们一个个捂着脑袋，打着哈欠进入养菌室"猫冬"去了，就等着春节过后卖个好价钱了。

刚过完年，龙哥就开着他的小货车出门卖山货去了。

　　龙哥的小货车已经走远了，可燕子还站在原地发愣，龙大妈见状忍不住问她是不是有什么心事。燕子告诉婆婆："省农科院的小农科老师过两天要来家里指导改造大棚。"

　　听说老师要来家里指导种木耳，龙大妈很高兴，不明白燕子为啥发愁。原来，要改造原有的蔬菜大棚，必须加钢架，可偏偏要强的燕子不愿意开口求助龙哥，只能暗暗着急。龙大妈提醒她，可以花钱请村里人帮忙。

　　婆婆两句话就轻松解决了难题。燕子高兴地拍着脑袋说:"你说我这挺好使的脑子,最近咋有点短路呢?"

　　龙大妈不明白为啥要这么早安装大棚，再过一个月天就暖和了，才好干活。燕子告诉婆婆："现在新的栽培技术开口和采收都要比传统种植方法提前一个半月。"

　　以黑龙江省牡丹江市为例，一般在前一年年底，或者当年年初生产栽培袋；3月中下旬菌袋进棚，划口催芽；4月上旬挂袋出耳；4月底5月初开始采摘，6月底7月初采收结束。

　　"那等大地木耳下来的时候，咱这都收完啦！"龙大妈高兴地说。

　　趁着高兴劲儿，燕子又把婆婆拉到养菌房，去看新发出来的菌袋。

　　吸取了龙哥之前的失败教训，燕子全程按照小农科的要求，严格控制好温度，做到勤通风换气。现在已经长得差不多，再有10来天就能开口了。

后熟菌丝生长要达到生理成熟

　　龙大妈从架子上拿起一个白色菌袋，稀罕地说："这都已经长满了，马上就能开口了吧？"燕子连忙纠正说："光长满了不行，还得长熟了才行。"

　　睡得迷迷糊糊的菌袋哥和小弟听到燕子婆媳俩的对话，嘴里也嘟囔着要搬新家，住大房子。兄弟俩头撞到一块儿，同时醒了过来。

　　"你知道不，过些天，咱就能住进采光好、不淋雨、不沾泥的大房子了，还不怕虫咬鸟啄。"小弟神秘兮兮地问菌袋哥。菌袋哥告诉他："新房就是去年种菜用的大棚，又向阳又通风，还不存水，就是地方不太大。"

　　小弟想到："几万个菌袋地方小了怕是住不开。"菌袋哥灵机一动，向上一跳做了个潇洒的抓单杠动作，开玩笑地说："地方小就挂着呗！"小弟被他逗得前仰后合。

好，先搭架子，后装水管，距离我都算好了。

　　这天一大早儿，小农科如约来到燕子家帮忙设计、改造大棚。他指着大棚的框架对燕子说："咱这个棚，长40米、宽8米、顶高3.5米、肩高2米，都符合要求，只缺将来挂菌袋用的架子和喷水管。"

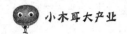

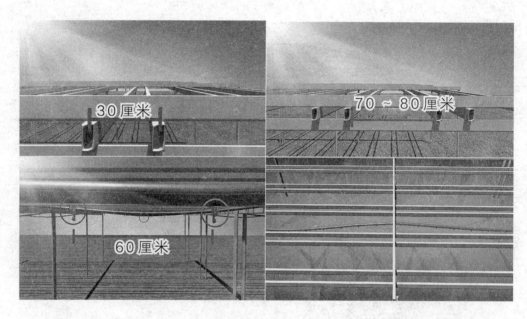

两个横杆是一组，间距30厘米。两组之间留过道，过道70～80厘米。过道上下铺水管，品字形装喷头，间距60厘米。喷出的水雾呈扇形，覆盖半径为1～2米。

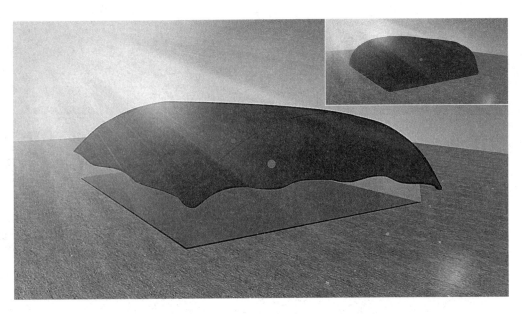

夏天天气热、阳光强烈，要加盖一层草帘子或遮阳网。

　　黑龙江省夏季多为东南风。长度在35米以下的东西向小棚，东西两侧开门通风，穿堂风效果好。如果大棚长度超过35米，南北向采光更好，但要在东西两侧设置排风口，通风除湿。

太阳西斜，棚膜终于扣好了。这时，龙大妈从远处走来了。

老师啊！这大棚里栽木耳都有什么好处啊？

　　龙大妈问小农科："这大棚里栽木耳到底有什么好处？"自己儿子不愿意干，可燕子铁了心地要干。小两口别着劲儿，有一个多月了。

　　小农科告诉龙大妈："立体栽培技术，一个棚的产量是以前地栽的3倍多。"并向龙大妈保证，等木耳长出来，大龙他们两口子保准能和好。

　　小农科从兜里掏出一片优质木耳给龙大妈看。"咱种的是小碗形的中早熟品种，通常5月中旬就能采收上市，上市早、卖价好。"小农科解释道。

　　龙大妈把木耳托在手里，有点嫌弃地说："这木耳真小，以前我儿子种的木耳，长得可大了。"小农科连忙说："大娘，这种单片木耳没根，不藏沙子，好洗好吃。"

　　小碗形木耳品相好、上档次，做出菜来还好看，卖价也比以前那种菊花形的大木耳高多了。

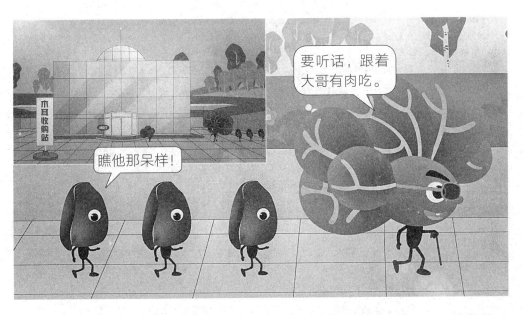

　　在木耳收购站大门外，一个呆头呆脑的菊花形大木耳摇头晃脑地走在前面。后面的单片小木耳精神抖擞，一看就是黑亮厚实的上等货。

　　到了精品厅门口，保安把大木耳挡在了门外。然后，恭恭敬敬地将小木耳请了进去。

　　保安转身，指向远处对大木耳说："你，往那边走，左转，再左转。"大木耳兴冲冲地按照指示一路转弯，拐过第二个墙角，脸上得意的笑容僵住了。

　　只见光秃秃的后院，一群长得跟他一样的大木耳站在寒风里瑟瑟发抖。大木耳这才明白自己已经"过气"了，不禁伤心地哭起来。

　　进入3月初，劲头十足的燕子"全副武装"进入大棚，浇水、撒石灰、铺河沙……一会儿工夫就汗流浃背了。

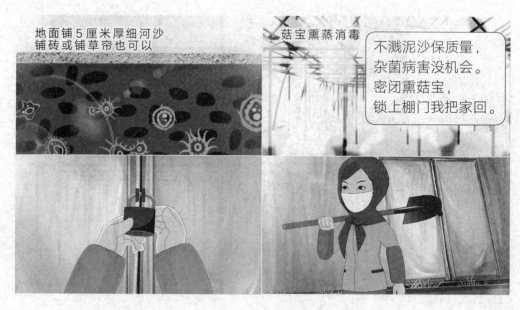

地面铺5厘米厚细河沙
铺砖或铺草帘也可以

菇宝熏蒸消毒

不溅泥沙保质量，
杂菌病害没机会。
密闭熏菇宝，
锁上棚门我把家回。

　　一直忙活到傍晚，燕子才锁上大棚门，拖着疲惫的身体往家走去。

　　转眼进入3月中旬，燕子婆媳俩忙活了一上午，终于把全部菌袋推进了大棚。龙大妈对这个能干的媳妇真是一百个的满意，算算日子自己那个倔脾气的儿子也快回来了。

　　棚里已经码放了不少开过口的菌袋，龙大妈拿起一袋仔细端详，发现现在的开口和以前大龙种的不一样了。

开口数量：180～220个

开口长：0.3～0.4厘米
开口深：0.5厘米

　　燕子告诉婆婆："开这种'1'字形小口，单片率高，出耳齐。以前开三角口，出的那种大耳不好卖。"

你快教教我这机器咋使，我帮你。

　　龙大妈高兴地说："这活儿既简单又轻省，就放心交给我老太太干吧！"婆婆这样支持自己，燕子很感动。她连忙说："有妈帮助俺，这活儿三四天就能干完。"

遮阳调控光照强弱
要求散光照射加大温差

　　燕子从兜里掏出一个温度湿度计，对婆婆说："等我先把这个挂上。刚开口的这些日子，不能让太阳直晒。温差大、湿度大，开口才容易养好。"

开口后的菌袋
集中密摆
苫盖提温保湿
棚内给水增湿
防止开口处失水

眼瞅着小木耳一天天长大成熟，婆媳俩也越干越起劲儿。

　　一阵嘹亮的起床号惊醒了熟睡的菌袋们。菌袋哥大喊一声："起床，伤养得差不多了，今天开始挂袋。"

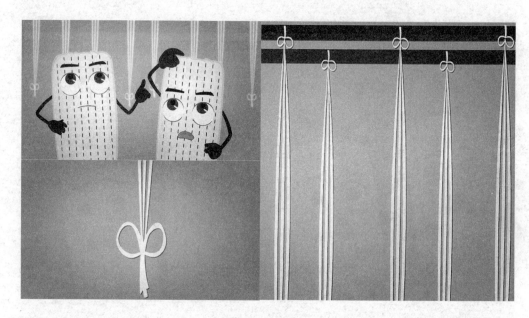

　　菌袋们惊奇地发现，不知什么时候，房顶的横梁上吊下来许多
组绳子。3根一组，每组在底部打结。"还真是挂起来呀！"小弟有
些吃惊地问。"嗯呐，穿成串，谁也挤不着。"菌袋哥告诉他。

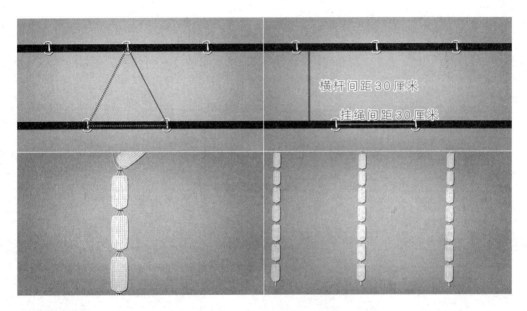

横杆间距30厘米

挂绳间距30厘米

　　"你们看啊，这一组绳子有3根，品字形交错着拴的。袋口朝下，固定好。上边再来一个，接着上，一组七袋到八袋。"菌袋哥边指挥挂袋边给小菌袋们做讲解。

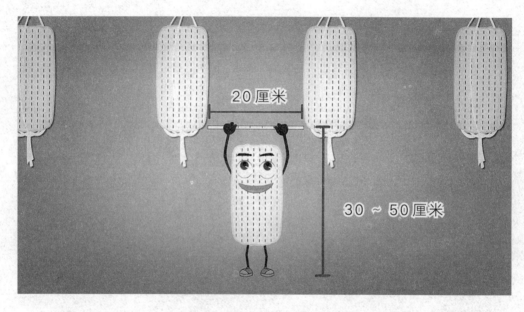

袋与袋之间不少于20厘米，离地面30～50厘米，才算合格。

　　菌袋哥一时没留神儿，小弟就开始瞎指挥。几串小菌袋被密密麻麻地排在了一块儿，菌袋哥被气得直跺脚。

    密度合理，通风效果才好。菌袋太多，再遇到高温、高湿，就会烧袋，形成"绿海"。

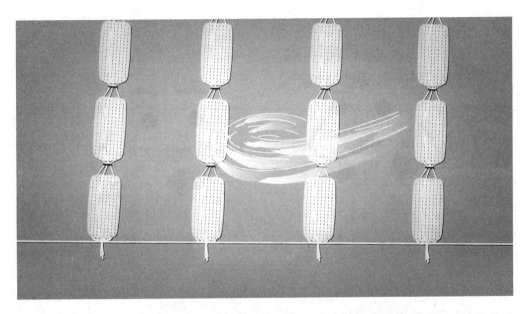

　　在菌袋串底部拴上链接绳，连在一起；风大的时候摆动小，才不会相互磕碰。

　　刚挂袋这两三天，不能浇水；只能往地上浇点儿水，空气湿度维持在80%就行了。

挂袋3～10天少浇水
空气湿度90%

　　菌袋哥解释说："因为大家身上有伤口，要等菌丝完全恢复以后，才能往菌袋上间歇喷水，让湿度达到90%。"

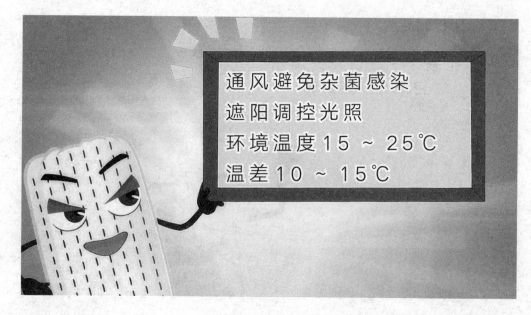

通风避免杂菌感染
遮阳调控光照
环境温度15 ~ 25℃
温差10 ~ 15℃

　　挂袋后，一要通风；二要遮阳调控光照强弱，加大温差。棚里面温度为15 ~ 25℃，温差为10 ~ 15℃最合适。

木耳进入催芽期，燕子按照小农科的嘱咐，每天按时通风换气，同时注意保持棚内湿度。

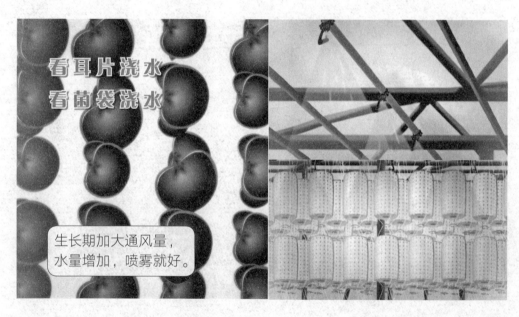

看耳片浇水
看菌袋浇水

生长期加大通风量，水量增加，喷雾就好。

进入生长期后，通风量要进一步加大；水量也随之加大，以喷雾为宜。

看天气浇水
要干湿交替

温度、湿度合理调节，遮阳防晒，设施配套。

湿度始终控制在80% ~ 90%，注意遮阳防晒。

就这样，小木耳在燕子的精心照料下健康成长，菌袋中露出的一片片耳片看着就讨人喜欢。燕子心想："这回一定要让大龙对自己心服口服。"

　　这天一大早儿，燕子正低头算账，突然窗边闪过一个熟悉的身影，原来是大龙提前回来了。看到日思夜想的丈夫，燕子心里乐开了花，连忙迎了上去。

可大龙一进门就耷拉个脑袋，唉声叹气的。只见他从兜里掏出一袋木耳样品，边摆弄边皱眉。刚进门的龙大妈和燕子都凑上前问他出了什么事儿。

　　闹了半天，是有收木耳的大客商指定要一样质量的单片木耳，龙哥奔走多日却一无所获，只好提前回家了。燕子拿过木耳样品看了看，扑哧一笑，说道："我还以为是什么稀罕玩意儿呢！"

　　说完，燕子把木耳样品交到婆婆手上，留下一脸茫然的龙哥，哼着小曲儿扭头做饭去了。

　　龙大妈笑着从抽屉里拿出另一包木耳样品递给儿子，乐呵呵地说："傻儿子，仔细看看，是不是一样式儿的。"龙哥把两袋木耳放在一起仔细比较，这颜色、大小、质量全都一模一样。

嘿，谁拿来的木耳？
这搁家等我呢！

搁咱家大棚里等你呢，
第一茬已经长出来了。

　　龙大妈把燕子跟专家学习木耳种植新技术的过程给儿子学了一遍，龙哥听了自然分外高兴。可是一想到客商要的货挺多，不免担心自家那几栋大棚产量不够。"不够！怕吓着你。"龙大妈胸有成竹地说。

  龙哥迫不及待地走进大棚。看着棚里挂满菌袋，一袋袋木耳刚刚长出1厘米左右的黑亮小耳片，他张大嘴呆住了。

　　这时，燕子大摇大摆地走进来，得意地在龙哥面前溜达。龙哥见了连忙陪着笑脸向媳妇道歉："我那时候没整明白就反对，真缺心眼儿，是我错了。"看丈夫是真心向自己认错，燕子高兴地笑了。

咱这木耳再有几天就长差不多了。

不用说了，我帮你收呗！指哪儿打哪儿。

　　燕子兴奋地对丈夫说："这菌种都是从省农科院拉来的，可好卖了。省农科院的老师给全程指导，没啥难的。"龙哥表示以后就给燕子当小工，一切听媳妇指挥。

当耳片长到3～5厘米
耳边下垂（五六分熟）时
应及时采收

　　收获在即，燕子请了小农科来做指导。棚内的木耳已经长大，耳边下垂形成小碗。小农科走了一圈，边走边看，笑眯眯地频频点头。

我这就叫人去。

　　小农科告诉他们："现在木耳出耳整齐，熟期一致，可以请一两个邻居帮助收，速度能快一点；拖得时间长了，耳片质量容易下降。"

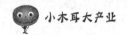
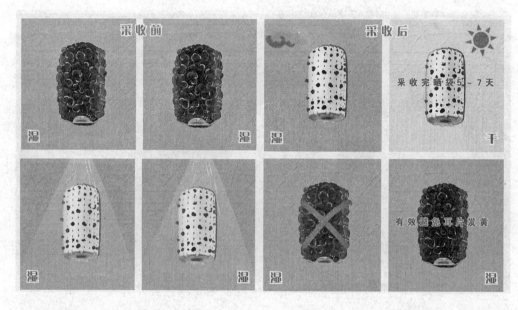

小农科又叮嘱夫妻俩："每次采收完都要晒袋。把棚膜卷起来，晒袋5～7天；然后，再浇水管理，能避免耳片发黄。"

温度、湿度管好了，水分和光照合适了，就不会出次品了。

听了小农科的话，龙哥豁然开朗。自己原来种木耳经常有变黄的、长烂流水儿的和长太薄的，原来都是没有及时采收和充分晒袋惹的祸。"种木耳要大湿度、大通风，管理上要多费心思。"小农科补充道。

　　燕子一家跟村上几个来帮忙的妇女正在采收木耳。龙哥高兴地对燕子说："前后摘三四茬，这一个菌袋就能出一两多的干耳。"

　　燕子说："等采完最后一茬，把菌袋落了地摆成这样，顶上划出口来，还能再长呢。"说着便掏出手机，让龙哥看上面的图片。

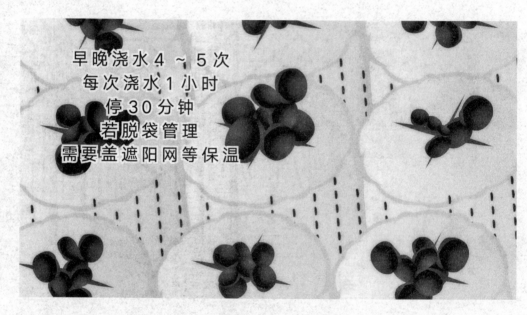

早晚浇水4~5次
每次浇水1小时
停30分钟
若脱袋管理
需要盖遮阳网等保温

浇浇水，过不了几天就长出来了，晒干了能有十几克呢。

　　由于燕子家木耳的品质好，很多客商慕名而来。这不，刚做成一笔大订单的龙哥正给龙大妈打电话报喜呢！

　　燕子和龙哥回到家，惊讶地发现村上好几个婆婆、大婶正等着他们，大家都想跟燕子学挂袋栽培木耳的技术呢！龙哥更是当着大家的面向燕子保证，以后不出去东奔西跑了，就在家专门种木耳。

早增温早开口，
早出耳早采收。
占地少品质优，
婆婆妈妈都有了增收的好营生。

乡村振兴农民培训教材：现代农业新技术系列科普动漫丛书

大豆种植小九九

刘 娣 主编

中国农业出版社

北 京

图书在版编目（CIP）数据

大豆种植小九九 / 刘娣主编. —北京：中国农业
出版社，2020.10
（现代农业新技术系列科普动漫丛书）
乡村振兴农民培训教材
ISBN 978-7-109-27391-7

Ⅰ.①大… Ⅱ.①刘… Ⅲ.①大豆－栽培技术－教材
Ⅳ.①S565.1

中国版本图书馆CIP数据核字（2020）第187168号

中国农业出版社出版
地址：北京市朝阳区麦子店街18号楼
邮编：100125
责任编辑：闫保荣
责任校对：赵　硕
印刷：中农印务有限公司
版次：2020年10月第1版
印次：2020年10月北京第1次印刷
发行：新华书店北京发行所
开本：787mm×1092mm　1/24
印张：$3\frac{1}{3}$
总字数：700千字
总定价：150.00元

丛书编委会

总　顾　问　韩贵清

主　　　编　刘　娣

农业技术总监　刘　娣　闫文义

执 行 主 编　马冬君　吴俊江

副　主　编　许　真　李禹尧

本册编创人员　王金生　林蔚刚　魏　崃

　　　　　　　刘庆莉　张立国　张喜林

　　　　　　　王　宁　孙　雷　樊兴冬

　　　　　　　龙江雨　李定淀

前　言

　　黑龙江省农业科学院秉承"论文写在大地上，成果留在农民家"的创新理念，转变科研发展方式，成功开创了融科技创新、成果转化和服务"三农"为一体的科技引领现代农业发展之路。

　　为了进一步提高农业科技成果普及率，针对目前农民生产与科技文化需求，创新科普形式，将科技与文化相融合，编创了以东北民俗文化为背景的《现代农业新技术系列科普动漫丛书》，主要内容包括玉米、大豆、水稻、马铃薯等主要粮食作物栽培新技术；苜蓿、西瓜、木耳等饲料及经济作物种植新技术；生猪、奶牛、肉牛等家畜饲养新技术。该系列图书采用图文并茂的形式，运用写实、夸张、卡通、拟人的手段，融合小品、二人转、快板书、顺口溜的语言，图解最新农业技术。力求做到农民喜欢看、看得懂、学得会、用得上。实现了科普作品的人性化、图片化、口袋化。

　　《现代农业新技术系列科普动漫丛书》对帮助农民掌握现代农业产业技术发挥了重要的作用，为适应党的十九大提出的乡村振兴战略要求，我们对该丛书进行整合修订，以满足乡村振兴背景下农民培训工作的新要求。

编　者
2020年8月

在黑龙江省农业科学院专家的帮助下，龙泉乡种植合作社靠种植玉米实现增收致富，成了远近闻名的"玉米村"。可谁也没想到，社长大军却突然改变了下一年的种植计划，一门心思想要种大豆。消息传开，宁静的山村立刻炸开了锅，这下大军社长的日子不好过喽！

主要人物

玉米合作社社长
大军

省农科院专家
小农科

老吴

大军媳妇

大宝

二宝

　　秋收过后的龙泉乡宁静祥和，刚刚带领乡亲们喜获玉米大丰收的合作社社长大军，忙活着指挥大农机进行秋整地，心里却琢磨开了明年的种植计划。

三年深松一次就好使。今年秋整地直接耙茬、起垄、施底肥。

　　向来机灵的二宝见秋整地没有深翻，猜想大军是不是忘了。大军解释说："去年咱这旮旯①都整过一遍了。"

---

　　① 旮旯：地区。

　　说话的工夫，整地机已经从远处返回来了，大军连忙挥手叫大宝下来歇会儿。大宝利落地跳下整地机，边喝水边说："还是秋整地省劲儿啊！春天地冻着，太硬，这起好了垄，等春天化冻，地暄乎乎的，出苗可快了！"

　　晚上，在村委会农民大学的教室里，大军把明年的种植计划发给大家。一看明年要种大豆，大伙都犯起了嘀咕："咋让我家改种大豆啊？""产量太低！""我可不乐意种！"……二宝干脆大声嚷着要退社，教室里一时炸开了锅。

　　就在这时，小农科快步走进教室。他告诉社员们，这个种植计划是大军和他合计了很久才定下的。

大豆的后茬种玉米、麦子、高粱等禾谷类作物，后茬都能增产两到三成。

　　小农科解释说："之所以要隔两年种一茬大豆，是因为种大豆养地。"二宝却认为小农科说得邪乎①，不相信。

① 邪乎：夸张。

　　老吴大哥则说："老庄户人都知道大豆养地，但始终没搞明白因为啥？请小农科给讲讲其中的道理。"于是，小农科详细为大家解释起轮作大豆的科学原理。

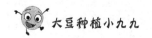

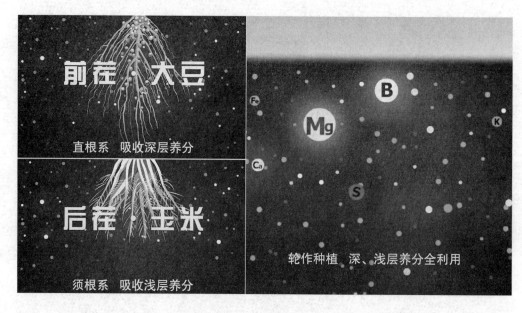

前茬·大豆

直根系　吸收深层养分

后茬·玉米

须根系　吸收浅层养分

轮作种植　深、浅层养分全利用

　　大豆是直根系，根扎得深，吸收的是深层土壤的养分；玉米等禾谷类作物是须根系，扎根浅，吸收的是浅层土壤的养分。种完大豆种玉米，土里深层、浅层的养分都利用了，谁也不抢谁的。

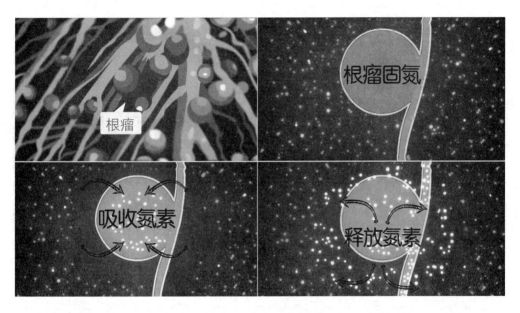

根瘤

根瘤固氮

吸收氮素

释放氮素

　　大豆根上长的根瘤可以从空气中回收氮素，一部分用于生长，还有一部分会留在土壤里，后茬作物长得肯定好啊！

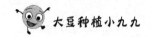

增强肥力

轮作减少病虫害

大豆根茬落叶多、腐烂快，还田后可增加不少的肥力。另外，大豆与禾谷类作物相同的病虫害少，轮作就减少了病虫害。

油见油三年愁，重茬多年严重颗粒不收。
迎茬隔年一年豆，秋后产量也减收。

为了让大家理解得更透彻，大军还即兴把小农科的话编成幽默的小调总结了一遍。

缺肥偏肥难补救，病虫草害不罢休。
三年轮作最长久，这连年丰收把小酒掴①。

第一年　→　第二年　→　第三年

① 掴：喝光。

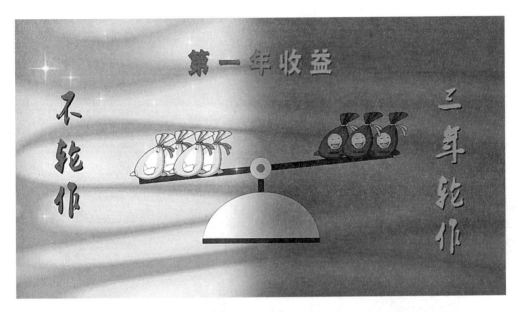

小农科说："大军总结得很好，经过研究和多年实践验证：三年轮作模式，土地利用最充分，经济效益也最好。现在大豆的效益确实是低，种大豆这一年的收益少，但是咱不能就算眼前账。"

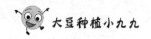

　　如果以三年轮作为一个周期看，后两年的玉米产量能大幅提高，就可以弥补大豆那一年的收益损失。

如果管理得当，轮作的赚头要比种三年玉米还大。

　　大宝说:"嗨!我都算明白了,管理好了,大豆增产,后两年玉米也增产,加上省下的肥钱、药钱,差不离儿。"二宝心里虽然认同了种大豆,但嘴上还是不饶人地说:"那我哥都这么说了,爱咋地咋地,社长定吧!"

　　社员们三三两两地走了。老吴走上前安慰道："大军啊，别让他们给你豁愣①迷瞪②了，轮作这主意没毛病。"

---

①豁愣：搅和；②迷瞪：心里迷惑、糊涂。

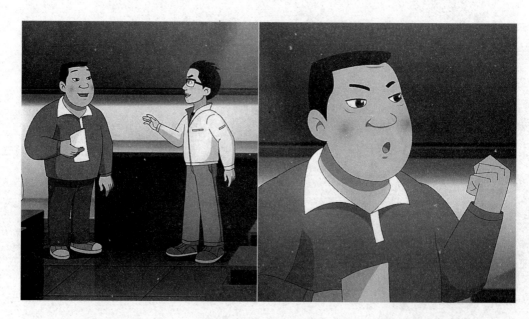

　　小农科塞给大军一张大豆底肥的配方，告诉他时间不等人，再有十天八天就上冻了，起垄施肥不能等。"行，出事儿我顶着。"大军咬咬牙，攥着拳头下定了决心。

除夕夜，大军家里冷冷清清。大军茫然地看着窗外的烟花，心情十分落寞。

　　大军媳妇从屋外走进来，对大军说："也怪了，大过年的，咱家咋这么冷清呢？"大军颓然倒在炕上，叹口气说道："都跟我别着劲儿呢！谁都不上门！种大豆，他们还是不放心啊！"

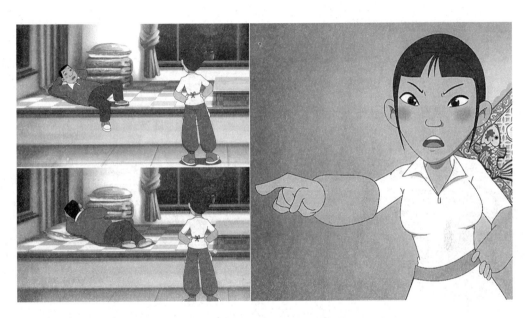

　　"怂样儿，瞅瞅这点事把你祸害的，接着想招儿去。"大军媳妇指着躺在炕上的大军埋怨道。大军翻身背对着她叹了口气："你说的倒容易！"

　　春播前，大军和社员们在小农科的带领下，来到黑龙江省农业科学院大豆制种车间。院子里一字排开的机器正"哗啦哗啦"地筛选种子，大家欣喜地边走边看。

  大军问小农科："流水线上的是我在示范田相中的那个品种吗？"小农科说："是的，这个品种在当地种了好几年，生育期合适、产量高、秆强抗倒伏，而且抗病性都挺好。"

　　跟在后面的老吴感叹道："好种出好苗，种子是关键啊！"小农科告诉大家："这是正规种业公司的种子，种子的净度、纯度、发芽率都达到国家标准要求才能出厂。"说着，随手抓了一把种子给大家看，众人连连点头。

　　小农科带着大家往前面走，落在后面的老吴看四下无人，就偷偷抓了一把筛选好的种子放在自己的衣服兜里。嘴里叨咕着："咋跟做贼似的。嗨！为了大伙儿，不要我这老脸了。"

　　大宝兄弟俩告诉小农科，以前也种过大豆，但是产量低，还特爱得病，虫害也不少。小农科告诉他们："现在的种子包衣技术，能把预防病虫害的药剂和植物生长需要的微肥包在种子外面。"

　　小农科指着一袋没封口的粉红色豆种说："你们看，在春播前给种子包衣，微肥补充微量元素，药剂能预防大豆病虫害。"

　　"这品种，亩产能有多少斤^①？"二宝还是不放心。大军连忙说："去年示范田收获我去看了，亩产五百多斤。"

_____

　　① 亩、斤为非法定计量单位，1亩≈667米^2，1斤=500克。

　　二宝把大宝拉到旁边小声嘀咕："哥，咱家原来种大豆，最多也就能打个三百来斤儿。"大宝告诉弟弟，问过别的县的农机手，现在大豆种得好的，四五百斤玩儿似的。"那就先试试！"二宝终于放心了。大宝点头道："先试试！"

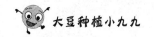

　　4月春播前，在村农民大学教室里，老吴神秘地拿出一个盒子，众人打开一看竟是发好的豆芽。老吴得意地把盒子高高举起，"这是咱买的种子发出来的。苗好一半收，这芽咋样？"

  这时，小农科也抱着个纸箱走进教室。老吴当下红着脸不好意思地说："老师，我得和你道歉。参观的时候，我偷偷抓了两把种子，回来发芽试试好不好。"小农科表示可以理解，自己做一遍发芽试验会更保险。

　　小农科把纸箱取下来。露出一个有机玻璃盒，里面铺着厚厚的土，土上还放着两个小小的耕整地机、播种机模型。众人看了，十分稀奇。

土壤深松
化肥深施
垄上双行精量点播

  开始上课了，小农科首先讲解了"大豆垄三高产栽培技术"。这是当前种植大豆最常用的技术，共有土壤深松、化肥深施和垄上双行精量点播3个要点。

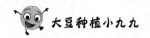

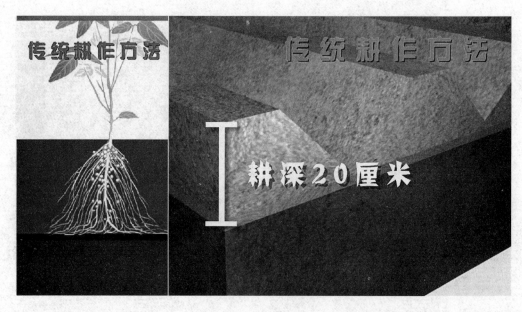

　　传统的耕作方法，容易使土壤板结、通透性差，大豆扎根受限制。

现在深松打破犁底层后，耕作层变厚了，大豆根长得壮、扎得深，根瘤发育得也好。深松以后，土壤通透了，能蓄水保墒、防旱抗涝。

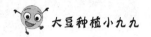

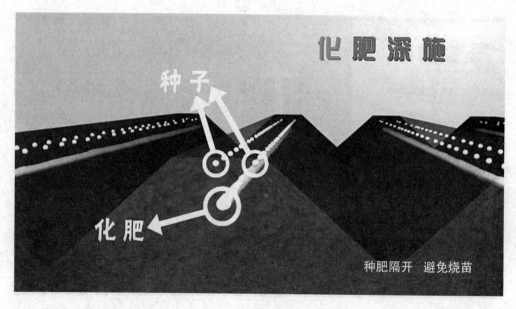

化肥分层深施的好处：一是肥和种子隔开了，可以避免烧苗。

化肥转化速度慢 避免浪费肥力

　　二是化肥转化速度慢了，等大豆幼苗期开始长个的时候，肥力才上来，不浪费。

垄上双行，精量点播。由于单行变成双行，密度增加了，植株分布更合理，可以增加亩产量。

底肥
60%~70%

头年秋天
起垄、施底肥

垄宽65厘米

底肥深度
15～20厘米

　　头一年伏秋精细整地，起65厘米大垄。起垄深松的同时施底肥，深度15～20厘米；底肥占全年施肥总量的60%~70%。

双条间距12厘米

→底肥

播深5厘米

→底肥

  第二年春天，用双条精量点播机垄上点种。种子播在垄体两侧，双条间距12厘米；播后要镇压，种子播深要达到镇压后5厘米。

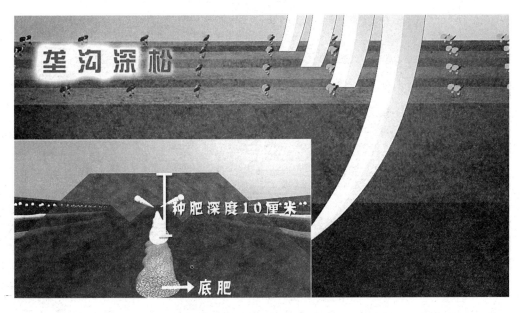

　　播种的同时，在双条种子之间施种肥，深度10厘米。种肥占施肥总量的30%~40%。出苗后，进行垄沟深松。

　　大军媳妇苦着脸说："听着老复杂了！"大军笑道："复杂的事都让机器给干了，你愁啥呀。"大宝告诉她，"专家都给设计、测算好了，机器也是配套的。干活儿前，把机器调好了别掉链子就行了。"

　　地表5厘米以下地温保持在7~8℃时，播种最合适。种植中、晚熟品种应适当早播，早熟品种应适当晚播。

　　播种后、出苗前要封闭除草，也可以在播种后5~6周做茎叶处理。

　　6月的一个上午，大军举着手机修修改改写着什么。大军媳妇偷偷凑上去，从背后一把抢过手机要看个究竟。

中期管理别松懈，大豆高产靠科学。

　　看了手机内容的大军媳妇扑哧一下笑出声："唉呀妈呀！字儿没认识几个，还写上诗了！你可真能编。"大军反驳道："那是我编的顺口溜。李白是谁都不知道，你知道什么叫诗吗？"

　　"李白？老李家的大小子嘛！哎，你这是给大伙儿编的？"大军媳妇问道。大军告诉媳妇："三分种，七分管。咱这旮哒人都不重视中期铲蹚，出了苗就不管了，那产量能高吗？"

中期管理别松懈，
大豆高产靠科学。
铲蹚管理别脱节，
伤苗压苗要杜绝。

　　"那媳妇我也'癞蛤蟆掀门帘儿——露一小手'，听着啊！"大军
媳妇也来了兴致。

青苗照垄时铲蹚第一遍，
五片复叶铲蹚第二遍，
大豆封垄铲蹚第三遍，
高培土土培根水土保不缺。

　　"我的媳妇呀，唱得老霸气了！"大军拍手叫好，大军媳妇娇媚地冲他飞个媚眼。就在夫妻俩说笑的时候，小农科回信息了。

　　小农科说：若前期长势差，还要注意结合第二遍蹚地追施氮肥，追肥后中耕培土。

前期长势好的，就在初花期追施氮肥，再根据测土配方报告提出施肥建议，补充点微量元素。中后期根据长势再喷1~2次叶面肥，保障后期健壮生长。

　　大军心里惦记着"初花期追肥"。媳妇拉他胳膊问："我唱得好，人美不？""美，美得跟大豆花儿似的。"大军随口应付她。媳妇一听不乐意了，"咋成大豆花了？换个贵点的呀！"大军回道："你个柴火妞，还能像啥花？我现在啊，就稀罕大豆花儿。"

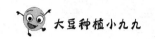

　　转眼进入7月，在农民大学的培训教室里，大军和老吴一起上网查阅病虫害预报。大军指着屏幕高兴地说："你看7月上中旬病虫害预测预报出来了。植保站以前都是发文件，现在可好了，村村都通网络了，咱自己搁网上就看着了。"

　　小农科拿着一叠卡片走了进来，"大军，病虫害防治卡印刷出来了，是专门针对咱这旮旯的，你发给大家吧。"大军接过来说："嘿嘿！这玩意儿好，看图认虫子。"

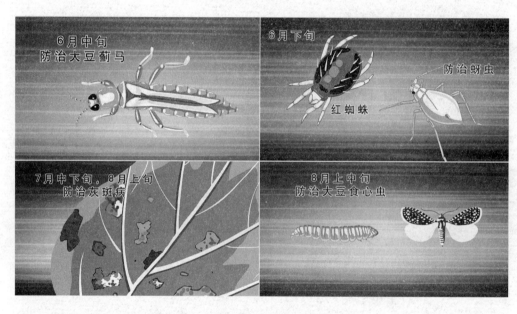

　　小农科拿起一张卡片说："你们看啊！6月中旬，防治大豆蓟马；6月下旬，防治蚜虫和红蜘蛛；7月中下旬和8月上旬，防治灰斑病；8月上中旬，防治大豆食心虫。"

　　小农科告诉大军，根据预测报告咱这旮旯今年大豆食心虫的为害会比较高，要作为防治重点。大军让小农科放心，他一定会办得妥妥当当。

8月的一个清晨，刚刚起床的大军正准备吃早饭，就看见老吴急匆匆地跑了进来。老吴把手举到大军面前说："快看看这虫子，是不是食心虫？"大军连忙拿过虫子仔细端详。

　　老吴心急地抓着大军要去买药。可大军却不着急地说："咱哥俩整两口。"说着，还端起粥碗，故意慢吞吞地喝了口粥："香啊，真香啊！""虫子搁地里，啃得比你还香呢！别磨蹭了！"老吴急得直跳脚。这时，外面传来"轰轰轰"大农机经过的轰鸣声。

　　老吴和大军走到院门口，看到街口外停着一辆农用车。大宝在车上冲这边喊："大军，走吧！咱们治虫子去。""你先去，我这就来。"大军回答。

　　"干啥去啊？"老吴一时搞不清状况。"防食心虫去！"大军笑着说。"上个月我就把药预备上了。人家植保站的人一直在监测呢，啥时候化蛹、啥时候产卵，人家都看得真真儿的。"

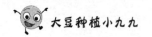

　　"对了，是有个戴大帽子的，常在咱地里转悠，原来是植保站的人呀。"老吴恍然大悟。大军告诉老吴："小农科说这两天防治最合适，所以就把活儿安排在今天了。等看见虫卵再安排就晚了，药还没买来呢，虫子就孵出来钻豆荚里了。"

　　见大军想得这么周到，老吴的心放到了肚子里，挥着手对大军说："走喽，回家整两口儿，就等着秋收了。"大军连忙摆手说："那可不行啊，不到成熟不能放松管理，还要注意生长后期的病虫害发生、低温早霜和涝害，要一管到底才能确保丰产丰收啊！"

　　转眼到了10月，接近收获的时节。小农科指着大片的大豆田说："枝条全干枯了，叶片也掉得差不多了，快到时候了。"大军媳妇将几串干豆荚放在耳边晃动着，豆荚发出"哗啦哗啦"的响声。

收早了含水量高，容易霉烂；收晚了容易炸荚落粒，损失产量。

　　小农科掰开一个豆荚，用手捻着豆粒说："籽粒归圆，颜色对了，干得也差不多了。下个星期都是好天气，可以收割了。"

　　眼瞅着大豆收得差不多了，二宝和几个在外打工的社员骑着摩托回来了。

　　老吴一见二宝，就打趣地说："二宝，你原先横扒拉竖挡着的，今天不闹腾了？"二宝尴尬地笑笑，"我那半拉子脑袋，不能算数。真是没想到，一亩地能打出四百八十斤豆子来！"

　　收割机管道里，豆子们欢跳着往前跑："冲啊，咱们的大豆家族又要兴旺了！"

乡村振兴农民培训教材：现代农业新技术系列科普动漫丛书

牛倌父子养牛记

刘　娣　主编

中国农业出版社

北　京

图书在版编目（CIP）数据

牛倌父子养牛记 / 刘娣主编. —北京：中国农业
出版社，2020.10
（现代农业新技术系列科普动漫丛书）
乡村振兴农民培训教材
ISBN 978-7-109-27391-7

Ⅰ.①牛…　Ⅱ.①刘…　Ⅲ.①养牛学－教材　Ⅳ.
①S823

中国版本图书馆CIP数据核字（2020）第187184号

中国农业出版社出版
地址：北京市朝阳区麦子店街18号楼
邮编：100125
责任编辑：闫保荣
责任校对：赵　硕
印刷：中农印务有限公司
版次：2020年10月第1版
印次：2020年10月北京第1次印刷
发行：新华书店北京发行所
开本：787mm×1092mm　1/24
印张：$3\frac{2}{3}$
总字数：700千字
总定价：150.00元

丛书编委会

总　顾　问　韩贵清

主　　　编　刘　娣

农业技术总监　刘　娣　闫文义

执 行 主 编　马冬君　孙　芳

副　主　编　许　真　李禹尧

本册编创人员　赵晓川　刘　利　王嘉博

　　　　　　　张喜林　王　宁　孙　雷

　　　　　　　樊兴冬　龙江雨　李定淀

前　言

　　黑龙江省农业科学院秉承"论文写在大地上，成果留在农民家"的创新理念，转变科研发展方式，成功开创了融科技创新、成果转化和服务"三农"为一体的科技引领现代农业发展之路。

　　为了进一步提高农业科技成果普及率，针对目前农民生产与科技文化需求，创新科普形式，将科技与文化相融合，编创了以东北民俗文化为背景的《现代农业新技术系列科普动漫丛书》，主要内容包括玉米、大豆、水稻、马铃薯等主要粮食作物栽培新技术；苜蓿、西瓜、木耳等饲料及经济作物种植新技术；生猪、奶牛、肉牛等家畜饲养新技术。该系列图书采用图文并茂的形式，运用写实、夸张、卡通、拟人的手段，融合小品、二人转、快板书、顺口溜的语言，图解最新农业技术。力求做到农民喜欢看、看得懂、学得会、用得上。实现了科普作品的人性化、图片化、口袋化。

　　《现代农业新技术系列科普动漫丛书》对帮助农民掌握现代农业产业技术发挥了重要的作用，为适应党的十九大提出的乡村振兴战略要求，我们对该丛书进行整合修订，以满足乡村振兴背景下农民培训工作的新要求。

编　者

2020年8月

　　学畜牧专业的牛建功大学毕业后，回到家乡，在父亲牛大叔的支持下办起了肉牛养殖场。虽然懂技术，又有农科院专家给指导，但建功却丝毫不敢大意。无论是种牛选购、日常饲养，还是科学配种、防病治病，都严格把关。一年下来，养牛的门道儿越学越精，养殖场也要发展壮大了。

主要人物

省农科院专家
小农科　　　　牛建功　　　　牛大叔　　　　牛姐姐　　　　牛妹妹

　　在小农科的帮助下，牛建功家的养牛场顺利落成了。就建在村子的下风口，交通便利，附近也没有污染源。牛场开张这天，牛大叔美滋滋地向前来道喜的村民们炫耀起新牛场和自家能干的儿子，大家都对这新牛场赞不绝口。

　　见大家都说好，牛大叔很高兴，得意地说自家这牛场专搞母牛繁育，并对消毒池、消毒室、值班室等牛场内一应标准化设施介绍了一番。

听说你给儿子投资建这个养牛场，花了50万！

　　"养牛攒了三十年的棺材本都给掏出来了，你儿子给你封个啥官儿？"老兄弟们打趣儿道。"我是他亲爹，啥都能管！"牛大叔心里乐开了花。

　　"吹吧！这牛场准备养洋牛，你那套养笨牛的嗑都不好使了。""人家儿子是畜牧专业的大学生，比老倌儿懂得多。"大家你一言我一语，场面甚是热闹。

　　为了向大伙儿证明自己在牛场的重要地位，牛大叔大声招呼建功，让他下周就把牛给买回来。建功却告诉他："还要再等一周。眼下正是收玉米的时候，得抓紧做黄贮，提前准备好一冬天的牛饲料。"

慌啥？这孩子，真不听话。

　　话还没说完，建功就拉着小农科进屋，算他那50头牛买60吨秸秆够不够用。儿子有主意不听自己的，当着大家的面儿，牛大爷有些不好意思。

　　一辆辆农用运输车满载着玉米秸秆开进牛场饲料区，待粉碎的秸秆已经被堆得老高。碎秸秆哗啦啦地从粉碎机里喷出来，堆成了小山。

　　小农科抓起一把碎秸秆对建功说："做玉米秸秆黄贮，先要铡断成两三厘米长；其次要看水分，60%左右最合适。用手一攥，不滴水但是手上有水珠就可以了。如果太干燥，可以适当加点水。"

　　饲草一定要推平、压实。成型的草堆用塑料布盖好，保证四周密封不透气，1周内就可以发酵了。

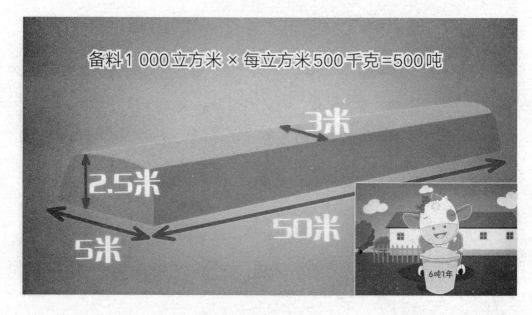

备料1 000立方米 × 每立方米500千克 = 500吨

3米

2.5米

5米

50米

6吨1年

　　每堆草500立方米，两堆共1 000立方米，约有500吨。按每头母牛每年用6吨计算，够50头母牛吃一年半了。粮食备好，就可以去买牛啦！

　　黄牛交易市场门口，牛家父子选购的50头"黄白花"已经被装入两辆卡车。牛大爷有些心疼运费，觉得一辆车就足够用。小农科告诉他："长途运输，50头小母牛用两辆车正合适。如果装得太挤，牛容易踩踏受伤，甚至压死，那损失可就大了。"

　　小农科又叮嘱司机："启动和刹车要慢，不能急刹车。"建功拿着刚办好的检疫合格证从交易市场走出来。"我把抗应激的药打上，咱就发车。"小农科说道。

　　"我的牛宝贝儿，咱回家喽！"牛建功仰头看着车上的小牛，高兴地说。

　　在回家的路上，牛大叔问小农科："为啥不买那个便宜的品种，将来还能多赚点？"小农科解释说："大叔，买种牛要考虑好多因素呢，不能光看价格。"

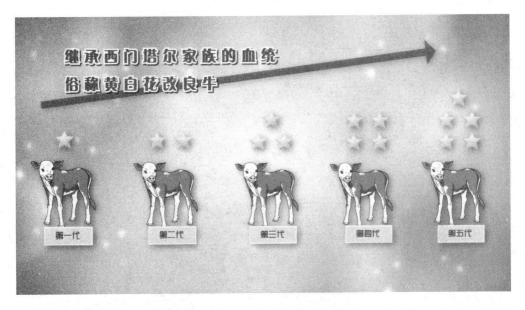

继承西门塔尔家族的血统
俗称黄白花改良牛

第一代　第二代　第三代　第四代　第五代

　　这次选的牛是用西门塔尔冻精改良的，俗称"黄白花改良牛"。改良代数越高，血统越纯，优点就越突出。

　　黄白花的特点是母性好，天生就是好妈妈。咱们是新牛场，第一批种牛买这个品种，最保险。

"体长一米三，肩高一米二，体重250～300千克。作为芳龄10～12个月的黄白花妙龄少女，告诉你们什么叫好身材、好相貌。"牛姐姐跳出来娇羞地说。

　　"花纹美，脑门亮，四蹄踏雪白尾巴；体型方，四肢壮，眼大有神湿鼻子。"牛妹妹也出来凑热闹了。

　　"我们家族的女人，能生能养奶水好，生下的小牛娃长得快、个头大，还适合这地区的气候，到谁家谁有福气。"牛姐姐自豪地说。

　　傍晚时分，一路奔波的小母牛终于在建功的牛场安家了。牛大叔抚摸着牛背，轻声说："我的牛宝贝儿啊，坐了一天的车，进圈去，喝点水吃点料，好好歇歇。"小农科连忙拦住他："别急，它们太疲劳了。在这安安静静休息一小时，缓过劲儿再喝水。"

　　转眼小牛们到建功家已经好几天了，可始终光掉秤不见长膘，牛大叔看着小牛有些发愁。这时，建功拿着一张饲养管理的海报走进牛舍，并把海报贴在了门口的墙上。

饲养要求
夏季饲喂时间：
早6点 晚5点
冬季饲喂时间：
早8点 下午3点
给母牛提供15℃
左右的温水

　　建功指着贴好的饲养要求提醒父亲："爸，可不能乱喂，得按照这个要求定时定量，早晚开饭各一顿，冬季饮水要加温。"

饲养要求
冬季采用电加热饮水器
春、夏、秋季可以在室外
进入冬天要在室内
饮水要清洁　草料要新鲜

　　牛大叔认真看着饲养要求对建功说："放心吧，都听你的！可是，它们不爱吃食，大便还又干又硬。"

　　"到了咱家，环境、气候、饲料变了，就会有应激反应。好比说，原来天天吃花生秧子，到咱这吃玉米秸子，她吃不下去呀，得慢慢适应呢。我在水里加了葡萄糖和维生素C，再喂点人工盐和健胃药就好了。"建功连忙安慰父亲。

　　"姐，这糖水儿、盐饼干和开胃小药儿还真管用。""可不，身上舒坦多了。咱去转转吧，好好看看这新家。"趁牛家父子不在，黄白花小姐妹说起了悄悄话。

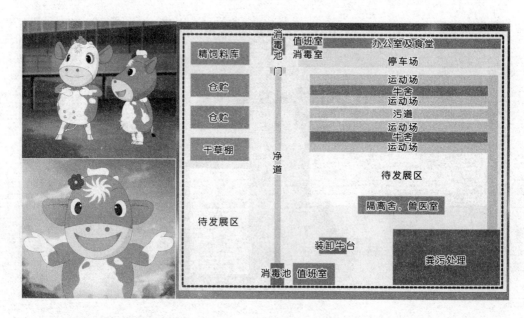

　　"原来咱家是个花园大宅，南北100米、东西120米，3栋大房子还有食堂呢。"牛妹妹边看边感叹。

　　"咱住的房子也挺像样。钢架吊顶，气派，通风采光都挺好。牛均8平方米，住着也不挤。"姐姐指着身后的牛舍说。

　　姐妹俩来到运动场，妹妹高兴地说："这运动场更大，春、秋季可以吹小风、晒太阳；冬天嘛，咱就窝在屋里，不去外面冻着了。"牛姐姐却说："人家小农科老师说了，冬天也能到院子里晒太阳。"

　　一听说冬天还要出门，妹妹缩着胳膊反驳："不行，太冷！"
姐姐告诉她："咱是牛，这么厚的皮毛，不怕冷。冬天室内温度在
零度以上，水不结冰，湿度在60%以下，咱就能好好过日子，湿度
大了可以开窗换气。天气好时，在室外晒太阳，好处可多了。"

　　转眼进入冬季，妹妹瑟缩着身子被姐姐硬拉到室外。"冬天出来，确实冷啊！"姐姐伸展胳膊，大口呼吸着空气："你看多好的天啊！上午10点到下午3点晒几个小时，身上干爽多了，还能杀虫呢。"

　　原来，在毛皮底部，藏着好多怪模怪样的寄生虫。强光从上照射下来，寄生虫被惊醒。"忽然变得又冷又干的，冻冻冻、冻死了。"寄生虫嚷嚷着，纷纷翻白眼，倒在地上起不来了。

“呵呵，身上真得不刺痒了。”妹妹惊喜地拍拍自己的身体。

　　冬去春来，已经成年的牛姐妹又出来晒太阳了。"姐，听说明天要给咱打针，疼不疼啊？"牛姐姐说："咱秋天在老家打过的，你忘了？半年一次，春天再打一次。"

　　听姐姐一说，妹妹也想起来了，当时打完针第二天还病了一场呢。牛姐姐纠正说："那不叫病，没精神吃不下，是正常反应，不是三五天就好了嘛。半个月产生抗体，就不怕口蹄疫那混蛋玩意儿了。"

　　"姐，这天暖和了，我咋倒吃不下东西了呢？"牛妹妹问姐姐。姐姐掩口窃笑道："呵呵，傻妮子，青春期了，过些日子咱就能配郎君了。"

母牛发情不用找
好在一边双顶角
溜溜达达不上槽
只闻不吃料和草

　　牛大叔急火火拉着儿子往运动场走:"快来快来,有情况了,这回靠谱。"只见运动场里,几头牛都出现了发情现象。额对额相互对立顶角、哞叫,尾根竖起做排尿姿势,在料槽边但不吃料,爬跨。

月龄十五刚刚好
体重七百最可靠

　　建功告诉牛大叔："配种的事都已经安排好了，一会儿小农科就亲自带着冻精过来。""今天就配？"牛大爷一听高兴了。

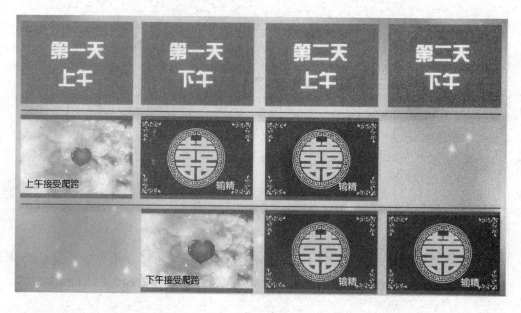

　　牛上午接受爬跨，下午输精，第二天早上再配一次；下午接受爬跨，第二天早上配种，下午再配一次。不能耽搁。

　　建功和小农科在牛舍里辟出一片配种区域，并从工具箱里拿出配种工具，摆放在桌子上，有4头牛拴在栏杆上正准备配种。

　　牛大叔着急地牵着一头个头瘦小的牛走了进来，"这孩子慌里慌张的，怎么还落下一头？"小农科看了看说道："大叔，这头牛长得太小，还不到配种的时候！配种不光要看长势、观情变，掐时间、算体重也很重要。"

掐时间

掐时间

算体重

350千克

　　母牛的性成熟期大都在12 ～ 14个月龄，生殖器官发育完全，才能具备正常的繁殖功能。但初配月龄最好在15 ～ 18个月、达到体成熟时；还要达到成年体重的70%，也就是350千克以上才能配种。

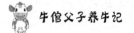

　　小农科告诉牛大叔，体重不达标就配种，可能会导致难产；更重要的是，小母牛自己还没发育好就带上崽，大的小的都要发育，任务太重，容易导致母牛发育不良，以后的生养能力会很差的。

　　听说早点配种有这么大危害，牛大叔有些后怕。抚摸着小牛头说道："哎呦，要是把你身体给毁了，我这买卖可就赔了。咱不配了，去给你补补，吃点好的。"说完就牵着牛出去了。

　　建功问小农科："第一次配种，冻精为什么要选择弗莱威赫？"小农科回答说："这个品种是德国的西门塔尔，不仅产奶量高，产肉性能也好，生出来的小牛乳肉兼用。小母牛将来都是好妈妈，小公牛能长大块头。"

　　小农科穿好蓝大褂，戴上长手套，在建功的协助下，帮助小母牛配种。

怀孕后的牛姐妹，先后做了孕酮检查和B超检查。

　　成功受孕的小母牛欢天喜地进入保胎中心，没有怀孕的则被拦在了外面。

前3个月

前3个月发育慢，
4个月以后再补料。

　　妊娠前3个月，小牛宝宝在肚子里发育很慢。母牛要避免摄入营养过多、体重增长过快。

妊娠5个月以后日粮配方：

玉米0.8～1.0千克

豆粕0.2～0.5千克

食盐30～40克

磷酸钙40～60克

添加剂（微量元素、维生素）20～30克

玉米秸秆8～10千克

苜蓿干草0.5～1.0千克

妊娠期换配方，营养好，搭配有高招。

妊娠5个月后，及时更换日粮配方，加强营养，保证牛宝宝健康成长。

又到了一年玉米成熟、做黄贮的时候，一辆辆满载秸秆的运输车驶进牛场。牛大叔琢磨着要给自己这群怀孕五六个月的小母牛开小灶，弄点好吃的。

　　小农科正忙着检查秸秆湿度，冷不防看见牛大叔躲在一堆秸秆后面，神神秘秘地朝自己招手，便走过去看个究竟。

牛大叔真不愧是养牛老把式，居然弄回满满一大车萝卜叶子。"大爷，您弄回不少好东西啊！"小农科惊喜地说。

　　萝卜叶子、甜菜缨子和南瓜肉等都是好的青绿饲料，还可以低价买点品相不好的马铃薯、胡萝卜，给牛喂这些东西就像我们人吃水果一样。

青绿多汁，当然好吃，但是吃多了容易拉肚子，不反刍。

豆荚、玉米和大豆等筛选下来的下脚料，也都是养牛的好饲料。

　　但是这类精料，不能让牛吃多了。尤其是豆类饲料，会导致急性瘤胃臌气，情况严重的会导致死亡。

灌服鱼石脂和大黄酊混合液

　　一旦出现这种情况，可以用套管针给瘤胃放气。等压力降下来之后，再灌服鱼石脂和大黄酊混合液，不仅能抑制瘤胃发酵，还能健胃。

　　入冬后的一个傍晚，一头即将分娩的母牛无精打采地卧在厚厚的垫草上。牛建功已经为牛分娩做好了准备，正认真翻看着之前记录的种牛繁育档案。

几个牛舍漏风的地方都给补上了，不冷，水和料也都加上了。

　　牛大叔走进来，询问建功即将分娩的母牛怎么样了。建功知道父亲心里一直惦记着牛场即将出生的第一头小牛犊，连忙告诉他：估计晚上就能生。东西已经准备好了，让他放心。

牛大叔抚摸着母牛的后背，轻声说："好啊，鼻子潮乎乎，眼睛亮晶晶，乳房胀鼓鼓的，真是头好牛！""我刚查了，后面陆陆续续的，每天都能添丁进口。"建功对牛大叔说。

擦净鼻孔内黏液

产房

擦净鼻孔内黏液

剪脐带

消毒

　　小牛犊生出来，先把鼻孔内的黏液擦干净。留10厘米长脐带，把血向两端挤净、断开，用5%碘酒在断端消毒。

　　能自己站起来的犊牛，可以自己吃初乳。遇到站不起来的，要挤出初乳喂犊牛。

　　母牛产犊后的三四天，要每天用热毛巾擦拭并按摩乳房，可促进乳房消肿。

　　小牛正缠着妈妈吃奶，牛大叔在一旁欢喜地说："粗腿大棒嘴又壮，是个好苗子。多吃点，长硬实点。"

　　建功埋怨父亲说："爸，这头小牛已经出生半个月了，怎么还不转到犊牛舍去？母牛和犊牛要分开养了。"一听这话牛大叔有些恼了，气鼓鼓地回道："你怎么那么狠心呢？咱家以前养笨牛，小牛犊子一直跟着妈。"

　　"那能一样吗，咱是繁育场，分开养可以让母牛早发情、早配种，犊牛也能早点断奶。每天早晚两次，把它放进母牛舍吃奶，吃饱了再赶回犊牛舍就行了，不能养在一起。"建功看父亲有些生气，连忙缓和了语气解释。

　　"它多吃一天奶，母牛就晚发情好几天，耽误母牛配种产下一胎。"建功一边跟父亲解释一边把小牛赶出了母牛舍。

小牛犊护理不好，极易造成腹泻，影响健康。腹泻又分为营养性腹泻和病原性腹泻两种。

　　由饲料配方不合理引起的营养性腹泻，只要及时更换"营养餐"就可痊愈。

由于卫生条件差引起的病原性腹泻，严重时危及生命，必须及时治疗。

牛舍通风差和
营养不良等原因
会导致犊牛
呼吸道疾病

通风差，得肺炎，
加强营养换空气。

　　牛舍内过于潮湿，通风条件差，小牛易得肺炎。需要加强营养、通风换气进行预防。

　　牛场办公室内，小农科提醒建功："今年出生的这40多头小牛，到6月龄就会发情了。为了防止早配，到5月龄时要分群。"建功点头称是，并告诉小农科，自己想把小公牛留下来育肥。

　　牛大叔风风火火地从外面回来，嘴里高兴地嚷嚷着："儿子，好事，好事。你让把母牛和牛犊分开养真没错，分开才十来天，好几头牛都发情了，比我以前散养牛要早好些天呢！"

　　小农科告诉牛大叔："产犊28天后的第一次发情特别好配，争取第一次就给配上。"牛大叔问他是否还用之前的品种，小农科建议最好换一个。

西门塔尔　　　　弗莱威赫

安格斯

夏洛莱

　　母牛经历过一次生产了，再配种可以使用大体型肉牛的冻精了，不必用西门塔尔，三元杂交优势好。安格斯牛牛肉价格高，还受市场欢迎；夏洛莱的特点是体型大，产肉多。这两种都不错。

　　"以前我养笨牛，都是闷头瞎干，这下领教了，门道可真多。"牛大叔感慨道。建功笑嘻嘻地说："爸，我和老师正算效益呢！"牛大叔一听立马来了精神，连忙让儿子给他好好算一算。

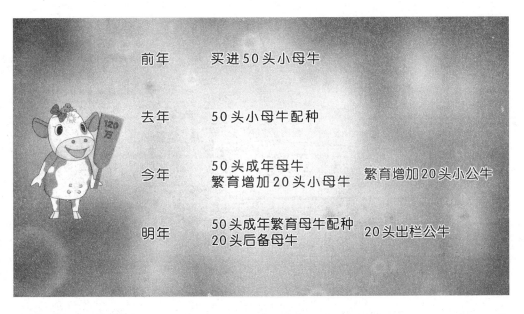

前年	买进50头小母牛	
去年	50头小母牛配种	
今年	50头成年母牛 繁育增加20头小母牛	繁育增加20头小公牛
明年	50头成年繁育母牛配种 20头后备母牛	20头出栏公牛

　　建功告诉他："牛场共投入120万元，母牛数量从去年的50头增加到了70头。明年，养殖场可繁育的母牛就是70头，加上20头小公牛育肥出栏，牛场的效益就进入快速增长期了。""4年变成将近100头牛，我以前都不敢想啊！"牛大叔乐得合不拢嘴。

　　小农科建议他们趁热打铁，再建一个肉牛育肥场，联合乡亲们一起干。牛大叔喜气洋洋地说："我家搞繁育，小犊子转给老哥们儿去育肥，整它个一条龙。咱屯子，要牛起来啦！"

乡村振兴农民培训教材：现代农业新技术系列科普动漫丛书

种苜蓿养牛羊

刘 娣 主编

中国农业出版社

北 京

图书在版编目（CIP）数据

种苜蓿养牛羊 / 刘娣主编. —北京：中国农业出版社，2020.10
（现代农业新技术系列科普动漫丛书）
乡村振兴农民培训教材
ISBN 978-7-109-27391-7

Ⅰ.①种…　Ⅱ.①刘…　Ⅲ.①紫花苜蓿－栽培技术－教材②养牛学－教材③羊－饲养管理－教材　Ⅳ.①S551②S823③S826

中国版本图书馆CIP数据核字（2020）第187193号

中国农业出版社出版
地址：北京市朝阳区麦子店街18号楼
邮编：100125
责任编辑：闫保荣
责任校对：赵　硕
印刷：中农印务有限公司
版次：2020年10月第1版
印次：2020年10月北京第1次印刷
发行：新华书店北京发行所
开本：787mm×1092mm　1/24
印张：$3\frac{1}{3}$
总字数：700千字
总定价：150.00元

丛书编委会

前　言

　　黑龙江省农业科学院秉承"论文写在大地上，成果留在农民家"的创新理念，转变科研发展方式，成功开创了融科技创新、成果转化和服务"三农"为一体的科技引领现代农业发展之路。

　　为了进一步提高农业科技成果普及率，针对目前农民生产与科技文化需求，创新科普形式，将科技与文化相融合，编创了以东北民俗文化为背景的《现代农业新技术系列科普动漫丛书》，主要内容包括玉米、大豆、水稻、马铃薯等主要粮食作物栽培新技术；苜蓿、西瓜、木耳等饲料及经济作物种植新技术；生猪、奶牛、肉牛等家畜饲养新技术。该系列图书采用图文并茂的形式，运用写实、夸张、卡通、拟人的手段，融合小品、二人转、快板书、顺口溜的语言，图解最新农业技术。力求做到农民喜欢看、看得懂、学得会、用得上。实现了科普作品的人性化、图片化、口袋化。

　　《现代农业新技术系列科普动漫丛书》对帮助农民掌握现代农业产业技术发挥了重要的作用，为适应党的十九大提出的乡村振兴战略要求，我们对该丛书进行整合修订，以满足乡村振兴背景下农民培训工作的新要求。

编　者

2020年8月

　　勇哥一家的家庭农场养了几十头奶牛，还包了一大片地。原本小日子过得还算红火，可最近却碰到了烦心事。眼看着家里的奶牛天天喂精饲料，产奶量也高，偏偏就是配不上种。刚好黑龙江省农业科学院的专家小农科到村里进行科技服务，勇哥这下看到了希望……

主要人物

家庭农场主
勇哥

省农科院专家
小农科

勇哥表弟
大鹏

二叔

羊妹子

牛哥

　　为了搞好自家的养殖场，才刚刚入秋，勇哥就跟着小农科来到一家中型奶牛养殖场"取经"。眼见着七八辆满载苜蓿草捆的大货车呼啸着驶入牛场大门，勇哥不禁惊讶地张大了嘴巴。

　　小农科与勇哥的对话被躲在一旁的羊妹子听了去，这个"贪吃鬼"不由得在心里打起了小算盘……

　　漆黑的夜晚，奶牛场里传出一阵窸窸窣窣的咀嚼声。闻声赶来的牛哥意外地发现一个埋头苦战的小背影。正在偷吃的羊妹子，就这样被逮了个正着。

　　牛哥生气地上前阻止偷吃苜蓿的羊妹子，可这小妮子却趁机抓起一大把草拼命地往嘴里塞。

　　牛哥告诉羊妹子："这紫花苜蓿是漂洋过海的进口货，成本特别高，只给产奶的牛吃，自己都没捞上一口呢。"

　　一听紫花苜蓿有这么多好处，羊妹子吃得更欢了，气得牛哥追着羊妹子满院子跑。

　　夜幕降临，由于自家奶牛最近配种接连失败，二叔、勇哥和大鹏三人凑在一块儿商量对策。大鹏实在想不通，"为啥给牛喂了这么多精饲料，产奶量也挺高，怎么就总也配不上呢？"勇哥告诉他："这问题就出在精饲料上。"

　　原来，如果奶牛只吃精料，不但会造成身体肥胖，不孕不育等疾病也会随之而来，奶牛只能提前报废。

　　大鹏一直担心精料少了，牛奶质量会不达标。勇哥问大鹏知不知道苜蓿，二叔这个养了一辈子牛的老把式连忙说："那玩意儿又嫩又香，牲口最爱吃了。"

专家说啦，最好的解决办法，就是少喂点精料，用紫花苜蓿代替。

　　原来，勇哥已经请省农科院的专家看过了家里的牛。专家告诉他，配种失败是饲料配比不合理、营养不平衡造成的。

一想到吃了紫花苜蓿的奶牛不但身材苗条了，还能顺利生育"宝宝"，叔侄三人都松了一口气。

　　可是，一想到进口苜蓿居高不下的成本，大鹏又犯起了嘀咕。勇哥却信心十足地表示，自己要种苜蓿。

　　见叔侄俩还是将信将疑，勇哥又把小农科说的话重复了一遍。原来，苜蓿根特别发达，能使土壤更通透，肥、水不易流失。而且，根瘤有固氮能力，能提高土壤中氮和有机质的含量，活化微生物群，土壤也就活起来啦！

　　勇哥还告诉他们："苜蓿是多年生的，种下去，五六年这土地都不用动了。"大鹏恍然大悟："这么说我就明白了。"二叔也鼓励勇哥放心去干。

测土配方整土地，秋天正是好时机。
土壤酸碱要合理，pH6.5 ~ 8.0最得力。
有机肥做底肥，磷肥用量要适宜。
深耕打破犁底层，土壤深松35厘米。

600~1000千克/公顷

　　有了大家的支持，勇哥决心要干出点名堂。在播种前，他下大工夫整地、施肥，每天哼着小曲儿，起早贪黑地铆足了干劲儿。

　　再说说我们的"贪吃鬼"——羊妹子。冰天雪地里，饥肠辘辘的羊妹子捧着雪花，想起美味的苜蓿，伤心地哭了起来。这时，奇迹发生了，小雪花居然变成了鲜美可口的苜蓿。羊妹子高兴地跳了起来，顾不上多想，就津津有味地吃了起来。

　　很快，苜蓿就被羊妹子吃得只剩下最后一棵了。就在羊妹子意犹未尽地抱着最后一棵草喃喃自语的时候，怀里的草居然又变回了苜蓿芽，还开口说话了，这可把羊妹子吓了一跳。

　　苜蓿芽告诉羊妹子，苜蓿是深根型植物，扎根能有 1 ～ 2 米深呢。最怕遇到土质硬的地块，根下不去。所以，耕翻要足够深。根系入土深，抗旱能力才能强，苜蓿长得才能好。

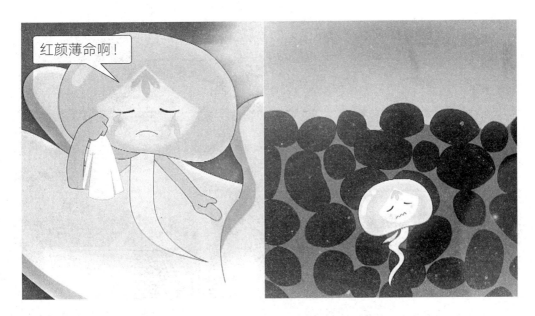

　　羊妹子得知小小的苜蓿芽进了土居然这么霸气，十分佩服。可是，苜蓿芽却大哭起来。原来，苜蓿芽也有烦恼，他的好多兄弟姐妹，播进地里还来不及出苗就挂了。

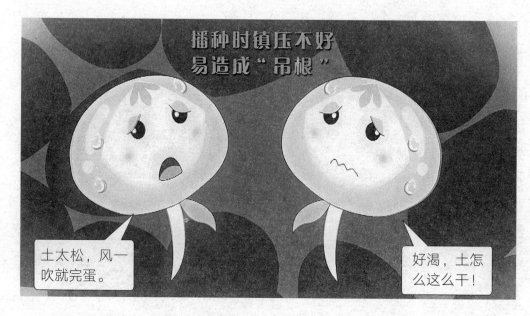

播种时镇压不好，土壤太松、有空隙，太阳一晒，风一吹，地表会很快变干，容易造成"吊根"。

覆土要均匀，浅了容易芽干，深了又不易出苗。

听了苜蓿芽的遭遇，羊妹子才知道原来播种这么重要。

　　转眼进入早春4月，在农机社的院子里，大鹏正按照小农科的要求调试播种机。大鹏趁机请教小农科："是不是播种不好，种子就特别容易'吊根'？"小农科告诉他："那是在播前、播后，没做好土壤镇压。"

　　小农科告诉大鹏："镇压过的土壤细碎、平整，种子和土壤接触紧密，吸水好，就不会'吊根'了。"

　　一阵摩托车声传来，勇哥从外面进来，车后面还放着一袋根瘤菌剂。小农科告诉俩兄弟，根瘤能固氮，就不用拼命施氮肥了。既省钱还能少干活儿，并嘱咐他们要在播种当天用根瘤菌剂给苜蓿种子拌种，随拌随播。

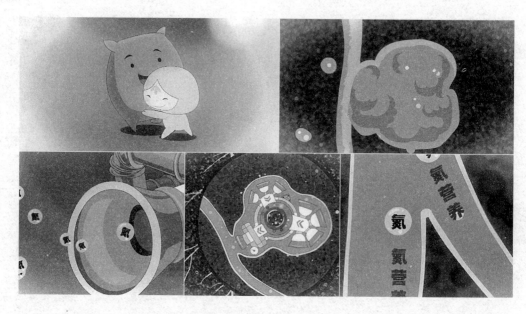

　　播种的日子到了，根瘤菌高兴地告诉苜蓿种子："一个根瘤就是一个'氮肥加工厂'。他能把空气中的氮转化成你能吸收的营养，同时土壤含氮量也增加了，既改土又肥田。你美了，田也养肥了。"两个好朋友亲密地抱在一起。

苜蓿播种，土地要平整、坚硬。上层土壤疏松，播前镇压。双脚踩上去，脚印深度以不超过0.5厘米为宜。

0.5厘米

小农科带着村民们在地头做播种前的最后准备。只见他在镇压后的土地上走了两步，并指着留下的脚印说："你们看，双脚踩上去，脚印深度不超过0.5厘米，就合格了。"

　　小农科见前期准备充分，土壤墒情也不错，又询问起种子有没有准备好。大鹏让他放心，如今万事俱备，就等着第二天播种了。

  第二天一大早，搅拌机运转的轰鸣声就打破了村庄的宁静。播种机在地里一趟趟来回工作，村民们甩开膀子干得可起劲儿了。

出苗前封闭除草

不好啦，除草剂来啦！

随着天气转暖，苜蓿芽开始长根，并努力地想顶出地面。然而，杂草也在疯长，一个个露出得意的狞笑。关键时刻，幸好有除草剂帮忙，待喷雾散去，杂草消失，苜蓿芽继续向上长，终于破土而出。

　　长出地面的苜蓿苗已经展开了三片复叶，虽然还很矮小，但地下的根已经有地上苗高的好几倍。然而，杂草又跑出来抢地盘了，还是除草剂救了苜蓿苗。

夏天来了，苜蓿已经长高，地里一片绿油油，已经有了现蕾的小花苞，甚是喜人。小农科也说草长得很不错，并叮嘱勇哥他们："第一茬草不能太早收割。"

刚开始现蕾，营养最好啦，可别等到开花再割，嚼不动还没营养。

入冬前还能好好地吃一顿。

　　如果地力、肥力等各方面条件都是好的，通常播后六七十天能现蕾，一现蕾就该割了；这种情况下，再过六七十天能割第二茬。要在霜前二三十天割，有助于顺利越冬。

　　勇哥问小农科是不是春天墒情不好，播得晚就收不了第二茬。小农科告诉他，能割几茬要看长的情况。如果播得太晚长得又不好，可能当年一茬也收不了。

　　"照这意思，今年俺家收两茬一点问题都没有。"大鹏掰着手指头盘算起来。小农科笑着对他说："苜蓿收割必须看天气，得五到七天内没有大雨。不然，割倒后再被雨一沤，就腐烂发霉了。"

　　正说着话，小农科的电话响了，原来是天气提醒，预报显示未来七天晴。这可是老天爷赏脸，一周内没有雨，得抓紧收割别耽误。

　　事情都交待完，小农科终于可以放心地离开了。勇哥也计划好了，准备第二天就带领大家割头茬草。

　　可是小农科刚走远，大鹏他们就开始劝勇哥等草长高点再收割，还能多打点草。勇哥犹豫了半天，禁不住大家伙儿一再鼓动，最终还是答应了。

留茬 5 厘米左右

翻晒到水含量 20% 以下再打捆

　　终于到了割头茬草的日子，从割草、翻晒、打捆到最后装车，勇哥都全程参与，丝毫不敢怠慢。

　　勇哥细心地叮嘱大家，苜蓿堆垛后一定要苦盖好，再把地里拾掇干净，防止下雨草茬子腐烂。

　　勇哥拉住大鹏："一会儿咱们把多出来的，装车送到县里那家大奶牛场，他们答应收了。"大鹏惊喜道："咱这草能卖多少钱？""我寻思，能值个一两头小牛吧！"勇哥看着旁边的草捆喜滋滋地说，兄弟俩都满怀希望。

到了晚上，勇哥俩兄弟唉声叹气地凑在一起喝闷酒。看这愁容满面的样子，就知道一准是在大奶牛场碰了一鼻子灰。

第二天，无计可施的勇哥只好硬着头皮给小农科打电话求助。

　　小农科告诉勇哥:"头一年不应该追求多产草,二茬草的产量也不会太高。主要的任务是让草扎好根,只有植株壮实了,才能安全越冬,给后几年打好基础。产草量最高是在第二年、第三年。"勇哥暗自下定决心,下次一定要吸取教训。

　　这卖出去的草还是小头，给自家牛吃的才是大头。这不，家里的奶牛已经开始"发脾气"了。其实，只要每天每头牛加3千克优质干苜蓿，减少1.5千克精料，就能每天多产奶1.5千克，原奶质量还能提高一个等级，乳蛋白和乳脂率都能提高，奶牛还不爱生病。

入冬前，有了上一次的教训，勇哥早早算准了割草时间，顺利完成了收获。

白天3~5℃
晚上-5~-3℃时浇封冻水

封冻水能防冻害，墒情差返青水要早点浇。

春天刚开化的
冻融交替时节灌返青水

返青好活力旺盛，产量质量才能高。

冬去春来，冰雪消融，黑色土地上依旧留着头年黄色草茬子，但里面已经冒出一个个新的绿芽。

　　初夏的阳光洒在绿油油的苜蓿地里，收割机正在割草。小农科随手抓起一把打着小花苞的草仔细端详，满意地对勇哥点点头。

　　小苜蓿种子本来拿了张纸很投入地在研究，结果被突然冒出来的氮、磷、钾一把给抢了过去。

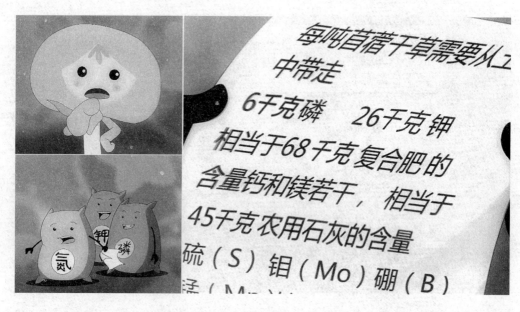

每吨苜蓿干草需要从土中带走
6千克磷　26千克钾
相当于68千克复合肥的
含量钙和镁若干，相当于
45千克农用石灰的含量
硫（S）钼（Mo）硼（B）

　　苜蓿种子告诉他们："我刚研究明白，我们苜蓿对营养元素的需求和别的作物不一样，要测土施肥，按照配方缺啥补啥。除了磷、钾，钙、镁的消耗也很大。"

　　苜蓿种子把小农科给的施肥配方交到磷、钾手上，下命令道："这一茬只有磷、钾你俩上，秋季那一茬收割后，再叫上钙、镁，你们四个一块上。"俩兄弟接了任务，高兴地走了。

　　眼看着磷、钾都领到了任务，氮在一旁着急了。当得知苜蓿第二年不再需要施氮肥，自己已经失业了，不禁伤心地哭了起来。

眼瞅着苜蓿就该收割了，可自打进入雨季，一连好多天都没放晴，又偏偏在这个时候发现了大斑病，勇哥兄弟俩都急坏了。

　　兄弟俩的对话，全被躲在一边的羊妹子听到了。于是，贪吃的羊妹子只好铤而走险，跑到外面的大养殖场偷吃。可她的运气实在不好，又被牛哥逮了个正着。

　　牛哥生气地质问羊妹子，明明自己村里种了苜蓿，为啥还大老远跑来偷吃。羊妹子告诉他："村里的苜蓿生病得打药。"牛哥也紧张地说："打了药的草有毒，一下子就能检测出来，白给都没人收。"但还是毫不客气地把羊妹子请出了养殖场。

　　羊妹子气鼓鼓地回到村里，却发现收割机正在割草，唬得她一屁股坐在了地上。

　　勇哥搂着小农科肩膀，亲热地说："你这招太好了！提前收割，把草运出去再打药。眼瞅着三两天就要收获，偏偏这个时候发现病虫害苗头，昨天我可糟心了！"

　　小农科告诉大家，现在的苜蓿产量比现蕾期稍微差点，但是营养价值可比开花以后要好很多。另外，这第二年的草，根部壮实营养好，管理好能割三茬呢。

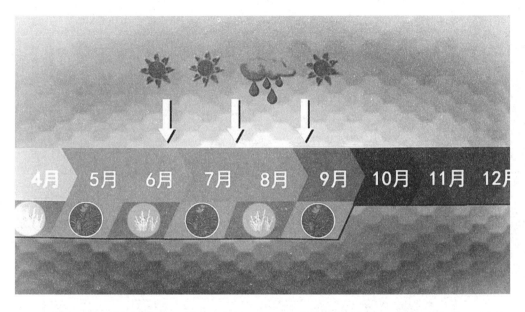

　　第一茬可以适当早割，过40天左右割第二茬，第三茬在9月上旬，这样基本可以避开多雨的8月。

经验有了，产草量也上来了。

今年牛都配上种了，还有七八头新下的小母牛，不多整点草不够吃啦！

　　勇哥信心十足地说："过了这个坎儿，后几年只管收草，没啥怕的了。"二叔也表示，家里还有几片地，明年也都给种上苜蓿。

　　小农科告诉二叔，现在国家和省里都有针对畜牧业的扶持政策，大力提倡种养一体化、草畜一体化。家庭农场种草、养殖兼顾，是个特别好的发展方向。

　　听了小农科的话，二叔更高兴了，说这是天时地利人和，还要把在外打工的孩子们都叫回来，一起干农场。

　　见大伙都在兴头上，勇哥神秘地掏出一张图纸说："快看看，我这还有好东西呢！"大家都好奇地凑了上去。

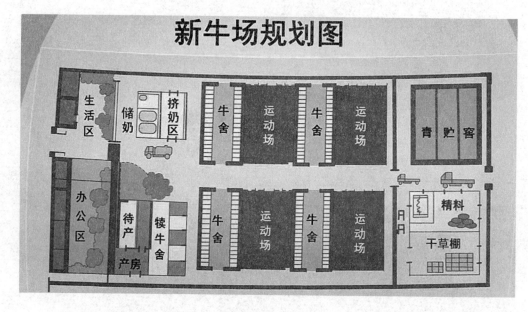

新牛场规划图

原来是勇哥打算把奶牛场升级换代，专门请人做的规划图。而且，第一步就打算扩建干草棚。

　　转眼到了第二年6月，刚刚打下来的新草整齐地码放在新扩建的钢架干草棚里。羊妹子吃得可欢了，以后再也不用去别人的牛场偷吃。这种苜蓿养牛羊的办法，让农场真正兴旺起来了。

乡村振兴农民培训教材：现代农业新技术系列科普动漫丛书

胖婶养猪记

刘　娣　主编

中国农业出版社

北　京

图书在版编目（CIP）数据

胖婶养猪记 / 刘娣主编. —北京：中国农业出版
社，2020.10
　（现代农业新技术系列科普动漫丛书）
乡村振兴农民培训教材
ISBN 978-7-109-27391-7

　Ⅰ.①胖⋯　Ⅱ.①刘⋯　Ⅲ.①养猪学－教材　Ⅳ.
①S828

中国版本图书馆CIP数据核字（2020）第187187号

中国农业出版社出版
地址：北京市朝阳区麦子店街18号楼
邮编：100125
责任编辑：闫保荣
责任校对：赵　硕
印刷：中农印务有限公司
版次：2020年10月第1版
印次：2020年10月北京第1次印刷
发行：新华书店北京发行所
开本：787mm×1092mm　1/24
印张：$3\frac{1}{3}$
总字数：700千字
总定价：150.00元

丛书编委会

总　顾　问	韩贵清
主　　编	刘　娣
农业技术总监	刘　娣　　闫文义
执　行　主　编	马冬君　　何鑫淼
副　主　编	许　真　　李禹尧

本册编创人员　　王文涛　　冯艳忠　　张喜林

　　　　　　　　　王　宁　　孙　雷　　樊兴冬

　　　　　　　　　龙江雨　　李定淀

前　言

　　黑龙江省农业科学院秉承"论文写在大地上，成果留在农民家"的创新理念，转变科研发展方式，成功开创了融科技创新、成果转化和服务"三农"为一体的科技引领现代农业发展之路。

　　为了进一步提高农业科技成果普及率，针对目前农民生产与科技文化需求，创新科普形式，将科技与文化相融合，编创了以东北民俗文化为背景的《现代农业新技术系列科普动漫丛书》，主要内容包括玉米、大豆、水稻、马铃薯等主要粮食作物栽培新技术；苜蓿、西瓜、木耳等饲料及经济作物种植新技术；生猪、奶牛、肉牛等家畜饲养新技术。该系列图书采用图文并茂的形式，运用写实、夸张、卡通、拟人的手段，融合小品、二人转、快板书、顺口溜的语言，图解最新农业技术。力求做到农民喜欢看、看得懂、学得会、用得上。实现了科普作品的人性化、图片化、口袋化。

　　《现代农业新技术系列科普动漫丛书》对帮助农民掌握现代农业产业技术发挥了重要的作用，为适应党的十九大提出的乡村振兴战略要求，我们对该丛书进行整合修订，以满足乡村振兴背景下农民培训工作的新要求。

编　者

2020年8月

胖婶是福满屯出了名的养猪状元。特别是近两年，在黑龙江省农业科学院畜牧专家的帮助下，她把规模化养猪搞得有声有色。胖婶听说自家的宝贝闺女交了个学畜牧专业的男朋友，并且小伙子还有意到养猪场竞聘场长，便打定了主意要对他进行双向考核。这未来的新场长、新姑爷头一回上门，就要碰到难题了！一场好戏即将上演。

主要人物

巧花男友
赵小乐

胖婶女儿
巧花

养猪专业户
胖婶

养猪专业户
朱嫂

畜牧专家
刘老师

养猪专业户
胖婶

养猪专业户
朱 嫂

　　"哎呦胖婶，这大公猪可真漂亮、真结实啊！"邻居朱嫂指着
胖婶家新来的种猪赞不绝口。胖婶得意地告诉她："这是省农科院的
刘老师专程帮我从国家核心种猪场选来的！"

　　见胖婶这般得意，同样是养猪专业户的朱嫂心里有些不服气。她撇撇嘴说道："这大家伙再厉害，不也就是一头公猪嘛！它还能天天配啊，不累死才怪。"

　　"这大家伙省饲料、长得快、出肉多，能采精、能输精。人家不出圈门，就能给你们家母猪配种。"胖婶现学现卖，当场给朱嫂上了一课。

母猪好啊好一窝，
公猪好啊好一坡，
公好母好更不错，
猪仔一窝胜一窝。

　　说到高兴处，胖婶还忍不住哼唱着二人转小调，扭了起来。

　　朱嫂听得连连拍手叫好。胖婶告诉朱嫂："我们家的新姑爷、新场长就要上门了，但是就看能不能过我这道关！"

      朱嫂好奇地问她打算怎么考新姑爷，胖婶来了兴致，又高兴地唱了一段。

　　说曹操曹操到，胖婶女儿巧花带着男朋友赵小乐高高兴兴地进了家门，她偷偷告诉小乐："我妈要对你这个未来女婿和新场长进行双向考核。"

小乐让巧花放心，拍着胸脯保证自己一定能过关。赵小乐对胖婶赞赏有加，却完全没有发现未来丈母娘已经站在自己身后了。

　　巧花连忙给母亲介绍说:"妈,他就是赵小乐,高我一届,畜牧专业的研究生、刘老师的得意门生。"胖婶上下打量了一番眼前的年轻人,暗自想道:"小伙子看模样倒是挺斯文,但能不能当好自家姑爷和新场长,还得考验一番。"

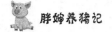

　　为了考考小乐，胖婶把自己多年养猪总结的"四不怕"经验振振有词地念叨了一遍。并总结道："有了这'四不怕'才能把猪养好。大学生，你说呢？"

　　"大规模养猪不比从前的零散养猪,过去不规范的管理,非封闭的环境,不安全的引种,失败的防疫、免疫,病原微生物、各种病毒和细菌无处不在,猪群患病的风险极大。"小乐思考了一下,认真地回答道。

见小乐说得头头是道，胖婶虽然心里满意，嘴上却不饶人。小乐连忙解释说："只是'四不怕'还不够，还要讲科学，把科学的养猪方法运用到建设、管理、养殖的每一个环节，才能养好猪、有效益。"

监控室

公猪舍

采精室

生长育肥室

　　为了进一步考察小乐，胖婶邀请他到猪舍看看猪，实地讲解一下。他们首先来到监控室，通过视频查看了公猪舍、采精室和生长育肥室的总体情况。随后，进行消毒，换上防护服，进入到猪舍内。

　　"这就是刘老师送来的公猪吧，个头大、性欲好、遗传基因比较稳定，真是不错！"小乐站在一头膘肥体壮的公猪前说道。

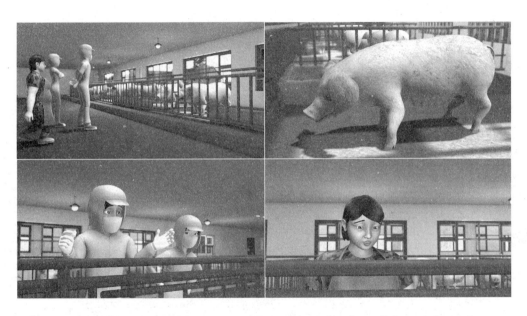

　　"这些是新进来的二元母猪吧，被毛粗乱、背腰不太平直、二目少神且有泪斑。总体看，不是太合格的母猪。"小乐又指着另一个栏内病殃殃的母猪说道。胖婶听了有些着急，小乐答应帮她检查一下具体得了什么病，再做些调理。

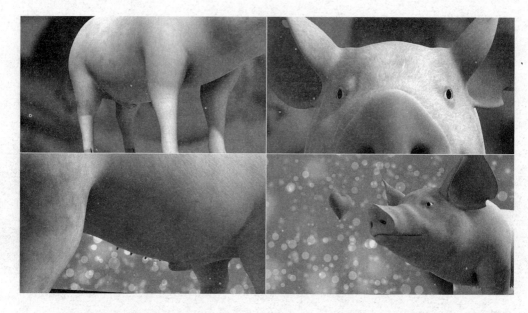

　　无论选购母猪还是公猪，都有标准和讲究。公猪应背毛顺滑，后躯结实，四肢粗壮，身体匀称，背腰平直，眼睛明亮而有神，腹部宽大而不下垂，且性欲强劲又易于驯化。

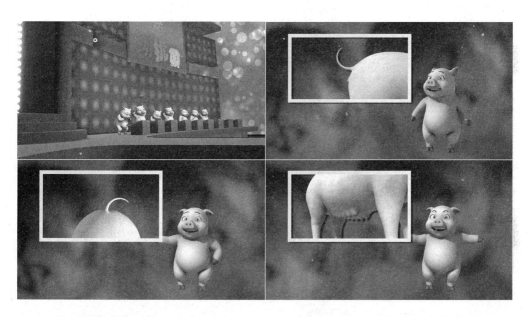

　　母猪的选择标准是：臀部丰满，阴门不上翘，乳头均匀、大小正常，乳头在6对以上。

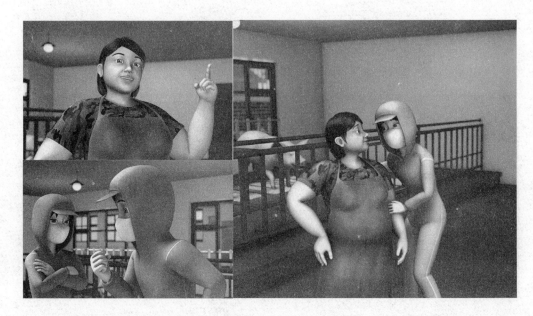

　　小乐告诉胖婶，养猪必须靠科技才能致富。"照你这么说，我还真不能小看了这公猪、母猪，小看了这养猪场。它是事业、大事业呀！"胖婶自己总结道。胖婶的一番话，逗得小乐和巧花哈哈大笑。

　　小乐夸胖婶一听就明白，与时俱进。可胖婶并不买账，还说要看看他的真本事。突然，胖婶指着一栏猪吃惊地说："啊！这窝猪又拉稀了！"

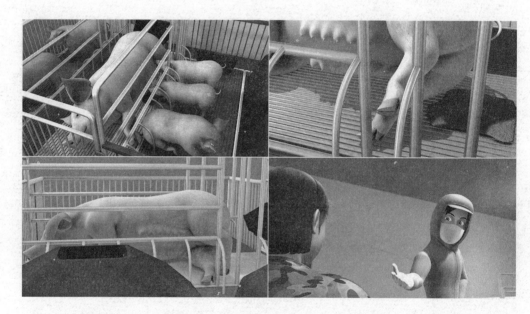

　　小乐观察了一下说道："这是黄痢。拉黄色稀便、厌食、体温升高，要马上治疗，全面消毒，否则很容易全群感染。"

　　胖婶还想再考考小乐，便问道："哺乳猪和保育猪的拉稀就不好治了，它们饿毛饿疵、瘦不拉几的，还驼背弓腰，你说我是扔还是治？"小乐告诉她："这些猪的病症、病因、病原比较复杂，要查明病原，单从病症上看是不尽相同的。"

比如这头猪，是典型的僵猪，集药僵、病僵、食僵于一身；另一头猪有典型皮肤病的表现。

　　再看这头猪，既有猪附红细胞体病的特征，又有猪副嗜血杆菌病的表现。

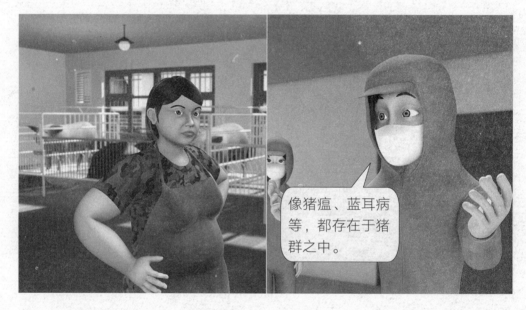

　　"照你这么一说，我家的猪病不是得全了吗，这猪还能养吗？"
胖婶有些不高兴了。小乐耐心地解释道："当然能养！比您家猪场
条件还好的猪场，或许这些病原、病症也照样存在，因为调理、控
制、保健措施到位，没有暴发疾病，只是有着隐患和风险。"

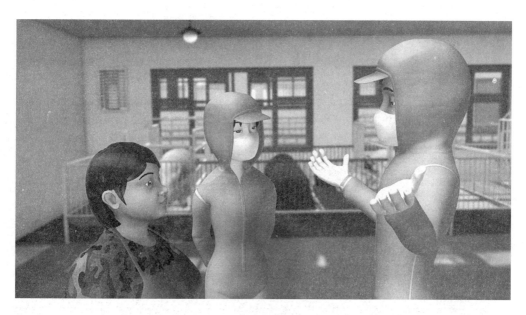

　　小乐说："您的猪场没有暴发疾病，只是为数不多的小猪由于免疫功能不全，因而感染了病原体发病了。建议对猪场的所有猪群进行一次验血，找出病因，然后实施一系列的防治办法。我有信心把问题都找出来，咱们一一解决。"

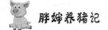

　　胖婶让小乐把常见的病症和用药方法帮她总结、归拢一下，好心里有数。小乐随口编了段顺口溜说道："黄痢白痢拉稀便，氧氟庆大痢菌净；咳嗽感冒加流感，头孢噻呋钠注射液；传胸嗜血气喘病，头孢氟苯土霉素。"

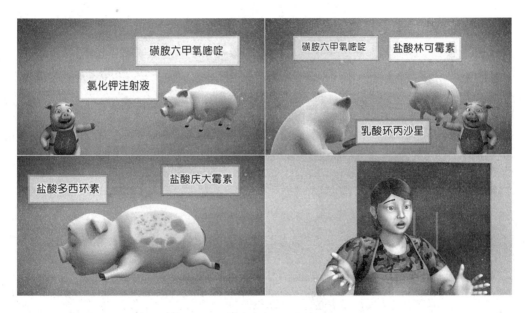

　　小乐想了一下又继续说："丹毒肺疫猪脑炎，磺胺嘧啶和青钾；链球菌病附红体，林可环丙和磺胺；要是血液原虫病，就用六甲多西环。"这一大串内容胖婶哪里记得住，急得连连摇头。

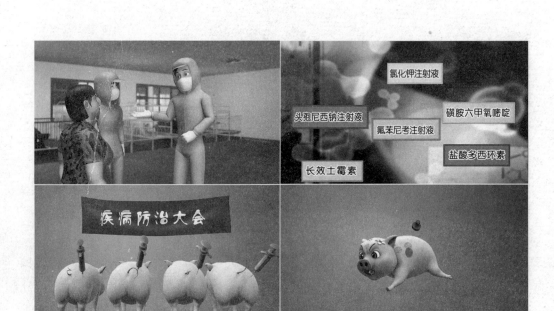

　　见胖婶记不住这些复杂的药名，小乐又想了段通俗易懂的顺口溜："这些药品并不全，治疗起来要增减；中西结合不能忘，黄芪多糖做保健；基础免疫防猪瘟，疫苗用好最关键；伪狂细小按时做，蓝耳疫苗要审验。"

　　"平时消毒不能忘,通风换气才安全;科学繁育和管理,新法养猪才赚钱!"这下胖婶全都听明白了,高兴得直拍手。

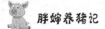

　　胖婶心里认下了这个新姑爷和新场长，一高兴便拉着小乐的手激动地问："那你说，胖婶我走规模化猪场这条路走对了？一定能赚钱？"小乐告诉她："不但走对了，而且还会享受不少政府的扶持政策。"

　　小乐告诉胖婶："能繁母猪给钱，盖规模化猪舍给钱，建种公猪站给钱，搞新品种繁育也给钱。至于具体给多少，要看猪场的规模有多大，带动农民致富的作用有多强。规模大、作用强，自然国家对您的猪场扶持力度就大。"

　　胖婶高兴地对小乐说："我可是远近闻名的养猪状元。"巧花搂着
母亲撒娇地说："小乐知道，不然，人家刘老师能让那么好的种公猪落
户咱们家吗！不然，小乐能应聘给您当场长吗！""就给我当场长，不
给你当对象？"胖婶乐呵呵地反问女儿，三个人都笑了起来。

　　几天后的一个早晨，胖婶又给小乐出了道题。让小乐算算现在的猪场能养多少母猪，能形成多大的生产规模？小乐给出的评价是规范实用。

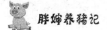

　　猪场选址考虑到了环保、社会等因素。符合规定要求，地势高燥，通风良好；交通便利，水电供应稳定，隔离条件良好；距离工厂、居民区及其他畜禽养殖场3千米以上。

　　猪场在总体布局上，将生产区和生活区分开，净道与污道分开，两排猪舍前后间距应大于8米，左右间距应大于5米。严格管理，易于消毒防疫及功能区间的隔离。

胖婶养猪记

　　"算你小乐看得准、说得对。咱们的猪舍是农科院专家帮助设计的，它也是我十几年养猪经验的体现，能不规范、不实用吗！"胖婶满意地说道。

公猪舍　分娩房　保育舍
育肥舍　后备舍　空怀妊娠舍

　　小乐告诉胖婶，建规范化的猪场要设计出公猪舍、分娩房、保育舍、育肥舍、后备舍和空怀妊娠舍。

　　另外，还要有兽药室、隔离舍、饲料加工间、出猪台、粪污处理区等附属设施。

　　"说得真在行，没有的咱就差哪补哪。小乐呀，我现在对你是刮目相看了。"胖婶由衷地说。

趁着胖婶高兴，巧花连忙凑上来问母亲是不是同意了。胖婶说："同意了，妈同意小乐做猪场的准场长。""那还有呢？"巧花害羞地问道。"妈也同意小乐做你的准对象，我的准姑爷。"胖婶大声宣布。

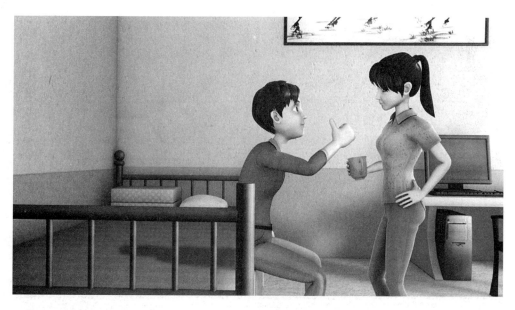

　　小乐回到房间，一坐下就大口喝起水来。通过了丈母娘的测试，心里总算一块石头落了地。可是仍然不敢大意，他答应了胖婶第二天去朱嫂家帮忙给母猪做人工授精。于是，顾不上多休息，就拉着巧花开始做准备。

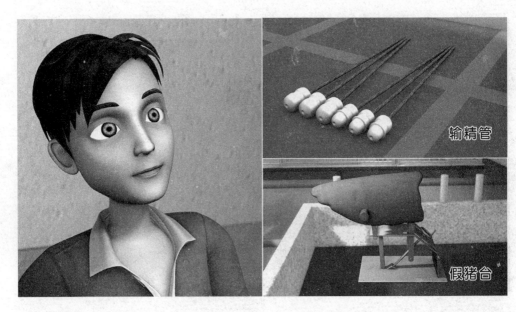

输精管

假猪台

　　"第一步，小乐给巧花介绍了输精管、假猪台等人工授精需要用到的器皿和设备。"

　　"第二步，我们去采精、制备精液。我会把采精、制备精液、保管精液、运转精液的过程演示给你。"小乐对巧花说。

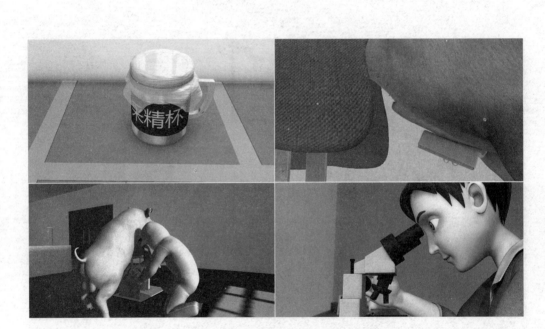

　　首先，准备一个采精杯；然后，把公猪腹部及外生殖器擦洗干净；再采取正确手势采精，避免灰尘、异物等进入采精杯；最后，对精液进行品质评定。

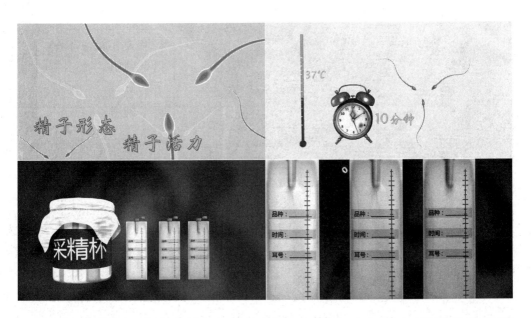

　　精液品质评定包括精液量、颜色、气味、密度、精子形态和精子活力6个指标。评定要在37℃、10分钟内完成。一次性采集精液量为150～200毫升。每份精液含有有效精子30亿个以上，分装每头份80～100毫升，标明公猪品种、耳号、时间等信息。

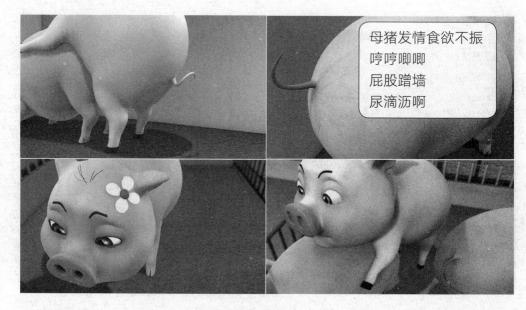

母猪发情食欲不振
哼哼唧唧
屁股蹭墙
尿滴沥啊

随后，小乐又把母猪处于发情期的主要特征告诉了巧花。

阴户红肿、流黏液，
此时配种好时机；
老配早、小配晚，
不老不小中间最适宜。

这样配种的效果较好，隔天再配一次受孕率高。

    第二天一早儿，胖婶带着小乐和巧花来到朱嫂家的猪舍。朱嫂迎上去高兴地说："正好，正好，我的母猪正在发情，你们就来了，快请进来。"

　　小乐说朱嫂家的母猪都是3～4产母猪，可以适当晚些配种。"光说配种，那头大白公猪不来，你们拿啥配？"朱嫂左右看看，奇怪地问。

　　"拿它配，人工授精。"小乐举了举手上的精液储存保温箱。

"这能行吗？"朱嫂将信将疑。

　　小乐告诉她保证能行，而且后代一定会更好、更健康！并让朱嫂看仔细了，以后可以自己给母猪人工授精。

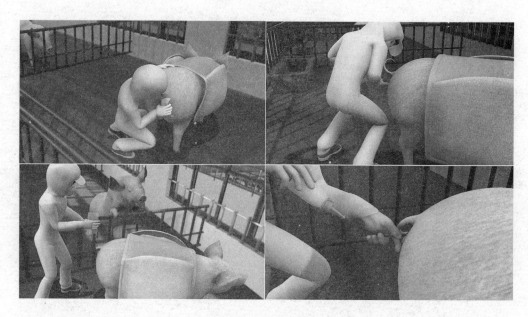

经过一番操作，小乐很快便顺利完成了人工授精的全部流程。

　　"这么快就完事了？"朱嫂问。小乐告诉她："为了保险起见，第二天还要再输精一次。之后就要观察已输精母猪的反应、动态。21天后，它开始嗜睡、贪吃、长胖，且没有再出现发情的迹象，那就是配种成功了。"

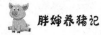

　　在母猪怀孕期间，一是饲料要搭配好。切记不要让它吃得过饱，那样会出现早产或流产。二是预产时间要推算好。时间推算：如配种后114天左右，也就是我说的受精后3个月、3周再加3天。三是母猪的生产日。要及时分栏待产，提前20天，开始饲喂哺乳料。

  四是产前工作要准备好。母猪、仔猪的环境要保温、不潮湿、无贼风、安静。同时，给予产后母猪、仔猪做好必要的保健。

　　朱嫂索性打破砂锅问到底，问小乐怎么样养猪才能挣钱、多挣钱？"您这个问题的确是个大问题。想养猪挣钱、多挣钱，关键点有3个。"小乐笑呵呵地说道。

　　一是养好猪，养良种猪，养特色猪；二是防好猪病、治好猪病，通过科学管理和环境控制，提升猪群的免疫力、抵抗力，制订合理的饲养方案；三是掌握好市场信息和政策走向，适当增减，就能稳赚。

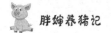胖婶养猪记

零散养猪，永远打不开市场，形不成产业，不能取得大效益。

小乐建议朱嫂加入养猪合作社，这样和大家一起养猪、一起致富。只有规模化养猪，才能把产业做大、做强。

　　胖婶家的猪场里，小乐把几头公猪赶到院子里的种猪运动场，让猪随着广场舞音乐进行运动。村民们被音乐吸引过来，站在猪场铁栅栏外看热闹。

　　胖婶走出来，对邻居们得意地说："以后呀，我们猪场不仅要让种猪跳广场舞，还要让育肥猪也跳广场舞。这样，它们会心情好，长速快，肉质好，少闹毛病。"

　　巧花问小乐:"种公猪需要运动这么长时间?"小乐解释说:"种猪在10月龄以上,每周配种2～3次。这期间,不仅要补充青绿饲料、蛋白饲料、维生素饲料,还要经常运动,最好每天运动2千米左右,以保证有良好的遗传基因,提高后代的生产、生长性能。"

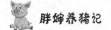

　　猪舍内，小乐一会儿用消毒机冲洗猪舍，一会儿又在猪身上涂涂抹抹。原来，猪场不仅要给猪舍经常空舍消毒、带猪消毒、体内驱虫，还要给患了皮肤病的猪进行体外驱虫。

　　小乐打电话给农科院的王老师，拜托对方帮忙检验猪场酒糟和豆腐渣的营养含量，并帮助制定合适的饲料配方。王老师答应帮忙，并告诉小乐，畜牧专家刘老师明天要到县里给规模化猪场的技术人员讲课。

　　第二天上午，专家大院的教室座无虚席，赵小乐和养猪户们聚精会神地听刘老师给大家讲课，并不时记着笔记。

  刘老师说:"养猪的一句格言'初生定乾坤,断奶决胜负'。要用先进的理念和方法发展养猪产业,有特色生态养猪、绿色环保养猪、种养互作养殖模式,猪场的粪便还田生产绿色作物,绿色农作物喂猪,生物链上形成健康种养互作模式。"

　　公猪养殖要不肥不瘦八成膘，母猪养殖要分阶段饲养。配种前要增加饲料3～3.5千克，配种后前期饲喂量略减少，后期逐渐增加，直到产仔前3～4天开始逐渐转换饲喂哺乳料，2天后每头母猪按照3千克基础量计算，每带1头仔猪加0.4千克，断奶后3～7天内就发情。

　　转眼临近春节，胖婶家猪舍产房内，小乐正小心翼翼地给母猪接产，嘴里还念念有词。

　　"猪露头、伸手抓，赶快掏嘴抹布擦。断犬齿、捆脐带，这些步骤都要快。吃初乳、小猪壮，母源免疫把病抗。大放后、小放前，乳头固定小猪匀。"

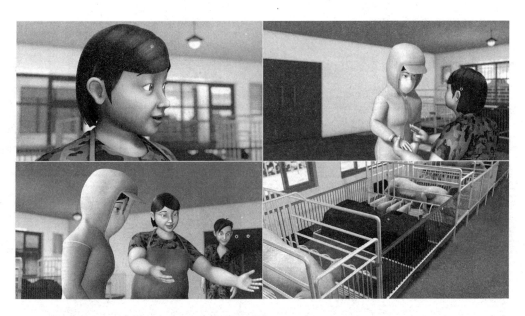

　　这时，刘老师从外面走了进来，胖婶连忙迎上前高兴地说："刘老师您来了。快看看这小猪崽多可爱啊，它们可都是您送来的大白公猪的优良后代呀！"

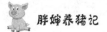

刘老师拉着胖婶的手说："现在您的猪场，可真是芝麻开花节节高了，这回您可是发家喽！"

　　我们的故事到这儿就要结束了，胖婶如愿以偿地聘到了好场长、找到了好女婿，实现了发家致富梦。福满屯也改名叫猪满屯了，全屯子的养猪户都走上了依靠科技养猪发家致富的道路。